Studien zum nachhaltigen Bauen und Wirtschaften

Reihe herausgegeben von

Thomas Glatte, Neulußheim, Deutschland

Martin Kreeb, Egenhausen, Deutschland

Unser gesellschaftliches Umfeld fordert eine immer stärkere Auseinandersetzung der Bau- und Immobilienbranche hinsichtlich der Nachhaltigkeit ihrer Wertschöpfung. Das Thema „Gebäudebezogene Kosten im Lebenszyklus" ist zudem entscheidend, um den Umgang mit wirtschaftlichen Ressourcen über den gesamten Lebenszyklus eines Gebäudes zu erkennen. Diese Schriftenreihe möchte wesentliche Erkenntnisse der angewandten Wissenschaften zu diesem komplexen Umfeld zusammenführen.

Benjamin Willi · Lucas Falter ·
Thomas Glatte

Quartierssanierung im Kontext urbaner Resilienz

Der Beitrag von Business Improvement
Districts als Beteiligungsansatz zur
Förderung der urbanen Resilienz
in innerstädtischen Quartieren

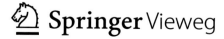

Benjamin Willi
München, Deutschland

Thomas Glatte
Hochschule Fresenius
Heidelberg, Deutschland

Lucas Falter
Hochschule Fresenius
Heidelberg, Deutschland

ISSN 2731-3123 ISSN 2731-3131 (electronic)
Studien zum nachhaltigen Bauen und Wirtschaften
ISBN 978-3-658-47065-4 ISBN 978-3-658-47066-1 (eBook)
https://doi.org/10.1007/978-3-658-47066-1

Die Deutsche Nationalbibliothek verzeichnet diese Publikation in der Deutschen Nationalbibliografie; detaillierte bibliografische Daten sind im Internet über https://portal.dnb.de abrufbar.

Springer Vieweg ist ein Imprint der eingetragenen Gesellschaft Springer Fachmedien Wiesbaden GmbH und ist ein Teil von Springer Nature.
Die Anschrift der Gesellschaft ist: Abraham-Lincoln-Str. 46, 65189 Wiesbaden, Germany

Vorwort

In den letzten Jahren haben sich Innenstädte weltweit grundlegend verändert. Gesellschaftliche Megatrends, technologische Fortschritte und ein wachsendes Bewusstsein für ökologische Nachhaltigkeit wirken sich unmittelbar auf das Leben und die Struktur urbaner Räume aus. Verstärkt durch die Corona-Pandemie stehen Handel, Gastgewerbe, Handwerk und Kultur vor erheblichen Herausforderungen. So sehen sich Innenstädte mit der Notwendigkeit konfrontiert, auf tiefgreifende Veränderungen zu reagieren und den Strukturwandel aktiv zu gestalten, um das soziale und wirtschaftliche Leben in den Stadtzentren zu sichern.

Mit dieser Transformation gewinnt das Konzept der Resilienz zunehmend an Bedeutung. Resiliente Innenstädte und Quartiere sollen krisenfest sein und sich an veränderte Rahmenbedingungen anpassen können. Diese Entwicklung verlangt nach einem neuen Verständnis der urbanen Planung und der Rolle, die verschiedenste Akteure darin spielen. Städte und Gemeinden, internationale Organisationen und Wirtschaftsakteure arbeiten zunehmend darauf hin, die Widerstandsfähigkeit städtischer Räume zu stärken, um künftig schneller und wirksamer auf Krisen reagieren zu können. Eine nachhaltige, widerstandsfähige Stadtentwicklung erfordert nicht nur das Engagement der öffentlichen Hand, sondern auch die Mitwirkung der Privatwirtschaft.

Besonders die Immobilienwirtschaft steht dabei vor spezifischen Herausforderungen. Die Strukturveränderungen im Einzelhandel und der wachsende Leerstand innerstädtischer Gewerbeflächen beeinflussen die Immobilienwerte und fordern ein Umdenken. Für die Immobilieneigentümer gilt es, Anpassungsstrategien zu entwickeln, die nicht nur den Werterhalt ihrer Bestände sichern, sondern auch zur Stabilisierung und Revitalisierung der Innenstädte beitragen. Die Nutzung und Entwicklung von Business Improvement Districts (BIDs) sind dabei ein innovatives Instrument zur Stärkung urbaner Räume. Insbesondere in Deutschland, wo die Herausforderungen des Strukturwandels, der Digitalisierung und des demografischen Wandels tief in die Dynamik unserer Städte eingreifen, bieten BIDs die Möglichkeit, gezielt auf die Bedürfnisse und Potenziale einzelner Quartiere einzugehen. Dieses Buch widmet sich den theoretischen Grundlagen, der praktischen Umsetzung und den spezifischen Herausforderungen, die mit der Einführung und Entwicklung von BIDs in Deutschland verbunden sind.

Dieses Instrument setzt auf die Initiative privater Akteure, die durch gemeinsame Investitionen in ihre Quartiere zur Attraktivitätssteigerung und Stabilität beitragen können. Hier verbinden sich wirtschaftliche Interessen mit dem öffentlichen Ziel, resiliente und lebendige Innenstädte zu schaffen.

Die Immobilienwirtschaft als zentraler Akteur der Stadtentwicklung ist daher entscheidend gefragt: Mit innovativen Konzepten, nachhaltigen Investitionen und strukturierten Handlungsansätzen kann sie die Resilienz urbaner Räume maßgeblich stärken. Ein Verständnis für resiliente Stadtquartiere und eine enge Zusammenarbeit zwischen öffentlichen und privaten Akteuren bilden die Grundlage, um Innenstädte langfristig zukunftsfest zu gestalten.

Während BIDs in Ländern wie den USA und Großbritannien bereits eine lange Erfolgsgeschichte vorweisen können, befindet sich das Modell in Deutschland noch in einer sehr frühen Phase des Verstehens, Lernens und der Anpassung an lokale Gegebenheiten. Hier treffen innovative Ansätze auf ein dicht reguliertes Umfeld, das sowohl Chancen als auch Hürden mit sich bringt.

Das vorliegende Buch, verfasst an der Hochschule Fresenius für internationales Management in Heidelberg, soll einen Beitrag leisten, ein breiteres Verständnis für Business Improvement Districts zu entwickeln, die aufgezeigten Hürden besser zu verstehen und pragmatisch zu umschiffen sowie den Gestaltungsrahmen der BIDs voll auszunutzen.

Dem Buch liegt eine empirische Untersuchung zugrunde, an welcher etliche mit der Materie sehr vertraute Experten mitgewirkt haben. Diesen sei an dieser Stelle ganz herzlich für ihren Input und ihr Engagement gedankt.

In diesem Buch wird aus Gründen der besseren Lesbarkeit das generische Maskulinum verwendet. Weibliche und anderweitige Geschlechteridentitäten werden dabei ausdrücklich miteinbezogen, soweit es für die Aussage erforderlich ist.

Competing Interests Die Autor*innen haben keine für den Inhalt dieses Manuskripts relevanten Interessenkonflikte.

Heidelberg, Deutschland   Benjamin Willi
November 2024   Lucas Falter
                                                                       Thomas Glatte

Inhaltsverzeichnis

Abkürzungsverzeichnis

BBSR	Bundesinstitut für Bau-, Stadt und Raumforschung
BID	Business Improvement Districts
BMI	Bundesministerium des Innern und für Heimat
BMUB	Bundesministeriums für Umwelt, Naturschutz, Bau und Reaktorsicherheit
CBD	Central Business Districts
ESG	Eigentümerstandortgemeinschaften
GSED	Gesetz zur Stärkung der Einzelhandels- und Dienstleistungszentren
GSPI	Gesetzt zur Stärkung von Standorten durch private Initiativen
IG	Interessensgemeinschaft
MIV	Motorisierter Individualverkehr
OECD	Organisation for Economic Cooperation and Development
ÖPNV	Öffentlicher Personennahverkehr
SDG	Sustainable Development Goals
UN	United Nations
ZDF	Zweites Deutsches Fernsehen
ZIA	Zentraler Immobilien Ausschuss e. V.

Einleitung

1

Mit der am 25. September 2015 verabschiedeten Agenda 2030 für nachhaltige Entwicklung wollen die 193 Mitgliedstaaten der United Nations (UN) grundlegende Veränderungen in Politik und Gesellschaft vornehmen (Martens & Obenland, 2017, S. 7). Teil dieses Leitprinzips sind die siebzehn Ziele einer nachhaltigen Entwicklung (Sustainable Development Goals, SDGs). Die Notwendigkeit einer nachhaltigen Transformation für die Städte wird dabei insbesondere durch das SDG 11 deutlich. Es befasst sich mit der inklusiven, sicheren, resilienten und nachhaltigen Entwicklung von Städten und Siedlungen (Bundesregierung, 2021, S. 86). Die nationale Stadtentwicklungspolitik profitiert dabei von der Zusammenarbeit verschiedener Akteure. Es gilt, diese unterschiedlichen Partner zusammenzubringen und gemeinsam zukunftsorientierte Strategien für die Städte und Gemeinden zu entwickeln (BMI, 2021b, S. 7).

Gegenstand dieses einleitenden Kapitels ist die mit dem Thema der Quartierssanierung verbundene Problemstellung. Weitere Gliederungspunkte sind der Aufbau, die Zielsetzung und die Herleitung der Forschungsfrage dieser Arbeit.

1.1 Problemstellung

„Innenstädte, Stadtkerne und Zentren stehen vor enormen Herausforderungen" (BMI, 2021a, S. 2). Die Problemfelder verstärkten sich aufgrund der Corona-Pandemie. Gerade Handel, Gastgewerbe, Handwerk und Kultur werden durch die Folgen herausgefordert (BMI, 2021a, S. 2). Die innerstädtischen Quartiere stehen einem Strukturwandel gegenüber, der nach Pfnür und Rau (2023, S. I) durch Megatrends, wie dem gesellschaftlichen, technologischen und ökologischen Wandel verursacht wird. Aufgabe ist es, diese Veränderungen in den innerstädtischen Quartieren zum Wohle der Bevölkerung und im Sinne der Nachhaltigkeit zu bewältigen (BMI, 2021b, S. 7).

Resilienz wird in diesem Zusammenhang als das „Konzept der Stunde" (Kabisch et al., 2024, S. VII) bezeichnet und hat im Zuge der Corona-Krise und der Hochwasserkatastrophen im öffentlichen Diskurs an Relevanz gewonnen. Internationale Organisationen, Regierungen und Unternehmen wollen die Resilienz in ihre Programmatiken und Politiken aufnehmen. Auch Städte folgen dieser Motivation. So haben auf dem Treffen der G7 im September 2021 die für Stadtentwicklung verantwortlichen Minister betont, sich stärker für die urbane Resilienz einzusetzen (Kabisch et al., 2024, S. VII). Und die nationale Studie „Zukunftsfeste Innenstädte" kommt zu dem Ergebnis, dass zwar 89 % der deutschen Standorte die Resilienz als Wettbewerbsvorteil sehen, gerade aber 34 % der Studienteilnehmer, und hier vor allem Großstädte, ihre Innenstädte nur in Teilen als resilient ansehen (Markert & Eckert, 2021, S. 17).

Es besteht also Handlungsbedarf. In Krisenzeiten müssen Städte fähig sein, ihre zentralen Funktionen aufrechtzuerhalten oder diese schnell wieder herstellen zu können. Genau diese Fähigkeit ist es, die Meerow und Stults unter urbaner Resilienz verstehen (Meerow & Stults, 2016, S. 2).

Eine besondere Bedeutung kommt in diesem Zusammenhang den Stadtquartieren zu. An sie wird als kleinste Einheit einer Stadtgesellschaft der gleiche Anspruch gestellt (Berding & Bukow, 2020, S. 7; Schmidt et al., 2024, S. 73). Widerstandfähige Quartiere sind somit die Voraussetzung für eine resiliente Stadtentwicklung. Eine Stadt kann nur dann resilienter werden, wenn die Quartiere und ihre sozialen Netzwerke „lebendig und reagibel" (Schnur, 2021, S. 55) sind. Für alle Stakeholder, die bei der Konzeption, Planung und Umsetzung urbaner Zentren partizipieren, bedeutet dies, dass die Potenziale auf der Quartiersebene genutzt werden müssen (BMI, 2021b, S. 84).

Vor welche spezifischen Herausforderungen stellt der zuvor beschriebene Strukturwandel die Immobilienwirtschaft, die einen zentralen Akteur in der Stadtentwicklung darstellt? Sie ist mit steigenden Leerständen oder sinkenden Mieten der Einzelhandelsflächen konfrontiert. Damit erhöht sich die Gefahr von Tradingdown-Effekten. Der Handlungsbedarf für die Immobilieneigentümer ist hoch, denn sie müssen ihre Bestände in innerstädtischen Quartiersstrukturen an die neue Situation anpassen. Zum einen ist dies notwendig, um den Werterhalt der Immobilien aus Sicht der Eigentümer zu gewährleisten. Zum anderen, um die resiliente Entwicklung der Innenstädte voranzutreiben und deren Qualität wiederherzustellen (Pfnür & Rau, 2023, S. I).

In der Debatte stehen vor allem die Immobilienwirtschaft und der Handel als private Akteure im Vordergrund. In Zeiten angespannter Haushaltslagen bieten sie eine alternative Finanzierungsmöglichkeit zu dem klassischen Instrument der öffentlichen Städtebauförderung. Nicht nur die öffentliche Hand, sondern alle Teilnehmer sollten im Rahmen von strukturierten Handlungsprozessen die Stabilisierung und Revitalisierung der innerstädtischen Quartiere vorantreiben (Drilling & Schnur, 2009, S. 229).

Ein Gutachten der Stadt München über Zustand und Perspektiven der Innenstadt schlägt die sogenannten *Business Improvement Districts* (BID) als möglichen Handlungsansatz vor (Landeshauptstadt München, 2024, S. 99). Es handelt sich dabei um ein in den 1970er-Jahren in Nordamerika entwickeltes und implementiertes Instrument zur Revitalisierung sowie Stabilisierung von Quartieren. Die Stadtzentren stehen dabei im Vordergrund (Drilling & Schnur, 2009, S. 229). Diese Art der *Governance* fußt auf der Initiative der Grundeigentümer, der Einzelhändler und Gastronomen. Diese privaten Akteure investieren mit eigenem Kapital in ihr Quartier (Fuchs, 2017, S. 237). In Deutschland haben BIDs bereits in elf der sechszehn Bundesländer Eingang in die Gesetzgebung gefunden (Handelskammer Hamburg, 2024b, o. S.).

1.2 Herleitung der Forschungsfrage

Wie in der Problemstellung dargelegt wurde, sind Städte und ihre Quartiere Transformationsprozessen unterworfen und stehen nach Krisen wie der Corona-Pandemie vor großen Herausforderungen. Als ein zentraler Lösungsansatz wird die Verbesserung der urbanen Resilienz genannt (Kabisch et al., 2024, S. VII). Quartieren wird dabei als kleinste Einheit einer Stadtgesellschaft eine besondere Rolle zugesprochen (Meerow & Stults, 2016, S. 2).

Um eine resiliente Stadtentwicklung effizient umzusetzen, stellt sich die Frage, wer konkret dafür verantwortlich ist und „was in einem Quartier resilient sein oder gemacht werden soll" (Schmidt et al., 2024, S. 82). Ziehl (2020, S. 38) sieht in diesem Kontext *Governance*-Strukturen als eine wichtige Grundvoraussetzung, damit urbane Systeme resiliente Maßnahmen umsetzten können. Derselbe Gedanke findet sich in einem vom Bundesministerium des Innern und für Heimat (BMI) herausgegebenen Memorandum mit dem Titel „Urbane Resilienz" (2021b, S. 84). Schmidt, Pößneck, Haase und Kabisch sehen in diesem Zusammenhang die Notwendigkeit, dass innerhalb von „transdisziplinärer Forschungsansätze […] die Perspektiven verschiedener Akteure im Quartier […] konkreter eingebunden werden" (Schmidt et al., 2024, S. 85). Aus dieser Problemstellung ergibt sich folgende Forschungsfrage, deren Diskussion Gegenstand der vorliegenden Arbeit ist.

Inwiefern können *Business Improvement Districts* als Beteiligungsinstrument zur Förderung der urbanen Resilienz in innerstädtischen Quartieren beitragen?

1.3 Aufbau und Zielsetzung

Gegenstand der vorliegenden Arbeit ist die Quartierssanierung im Kontext der urbanen Resilienz. Im Fokus steht der Beitrag von *Business Improvement Districts* zu resilienten Quartieren. Die Arbeit ist in sechs Kapitel gegliedert: Im Anschluss an die Einleitung werden im zweiten Kapitel die theoretischen Grundlagen sowie der aktuelle Forschungsstand der Thematik erläutert. Der Aufbau dieses Kapitels orientiert sich an der formulierten Problemstellung. Es wird dabei ein Aufriss der für die Problemstellung relevanten Theorien und Forschungsansätze dargestellt. Die methodische Herangehensweise der durch Experteninterviews empirisch erhobenen Daten wird im dritten Kapitel dargelegt. Im vierten Kapitel werden die Ergebnisse der Auswertung dieser Interviews vorgestellt. Während diese Ergebnisse im fünften Kapitel kritisch diskutiert werden, dient das sechste Kapitel dazu die Erkenntnisse der Arbeit noch einmal zusammenzufassen.

Das Ziel der Untersuchung ist es, aufzuzeigen, in welcher Konstellation und unter welchen Bedingungen *Business Improvement Districts* als ein Beteiligungsinstrument der Quartiersentwicklung für die Stärkung der urbanen Resilienz eingesetzt werden kann. Das Ergebnis dieser Fragestellung wird mithilfe von Aktionspunkten formuliert und innerhalb eines Maßnahmenkataloges dargestellt.

Theoretischer Rahmen und aktueller Forschungsstand

2

Das Kapitel widmet sich dem theoretischen Rahmen der Arbeit und setzt sich mit dem aktuellen Forschungsstand auseinander. Es soll ein tieferes Verständnis dafür gewonnen werden, welche Bedeutung Quartiere bei der Transformation der Stadtzentren zu mehr urbaner Resilienz haben und welche aktuellen Herausforderungen sich in diesem Zusammenhang in der Innenstadtentwicklung ergeben. Speziell die Verbindung zwischen öffentlichen und privaten Akteuren wird dabei herausgestellt, wobei der Fokus auf dem Instrument der *Business Improvement Districts* als *Governance*-Modell in der Quartierssanierung liegt.

2.1 Innerstädtische Quartiere im Angesicht von Krisen und Katastrophen: Aktuelle Trends und Herausforderungen

Im folgenden Absatz wird nun der Fokus auf die innerstädtischen Quartiere gelegt. In einem ersten Schritt werden zunächst die Funktionen einer Stadt insbesondere der Innenstadt charakterisiert und auf deren Bedeutung für die Stadtbevölkerung eingegangen. Darauf aufbauend können dann in einem zweiten Schritt die durch Krisensituationen wie der Corona-Pandemie ausgelösten aktuellen innerstädtischen Funktionsverschiebungen herausgearbeitet und die damit verbundenen neuen Herausforderungen diskutiert werden.

2.1.1 Funktionen und Nutzungen der Innenstädte

Der Begriff der Innenstadt bezeichnet die „Mitte" und das „Zentrum" einer Stadt und hat eine räumliche, kulturelle und politische Dimension. Merkmale der innerstädtischen Quartiere sind die Mischung vielfältiger Funktionen, eine starke Konzentration von Versorgungsangeboten und eine hohe Bevölkerungsdichte (in vielen Fällen jedoch beschränkt auf die Kernarbeitszeiten). Den deutschen Bezeichnungen „Mitte" und „Zentrum" entspricht im Englischen „Downtown" und „Central Business Districts" (CBD). Räumlich wird der innerstädtische Bereich häufig nicht eindeutig eingegrenzt (Pesch, 2018, S. 1002).

Die historischen Zentren sind traditionell Ausgangs-, Dreh-, und Angelpunkt stadtplanerischer Modelle und Aktion. In der heutigen Stadtplanung wird von dieser Betrachtungsweise Abstand genommen und stattdessen der Blick auf die „funktionalen Verflechtungen und alltäglichen Aktionsfelder einer mobilen Stadtbevölkerung" (Pesch, 2018, S. 1002) gelegt. Dieser Perspektivenwechsel auf die Innenstadt, welcher die Diversität urbaner Zentren und die Verzahnung ihrer Funktionen fördert, impliziert, den innerstädtischen Bereich räumlich weiter zu fassen (Diringer et al., 2022, S. 11). Dem liegt zugrunde, dass der öffentliche Raum durch das Aufeinandertreffen von Menschen, durch ihre Experimentierfähigkeit und ihre Mitgestaltung des alltäglichen Lebens geschaffen wird (Vrhovac et al., 2021, S. 13). Demzufolge wird das historische Stadtzentrum und seine Umgebung aus Wohn- und Mischgebieten als „räumlich-funktionale Einheit" (Pesch, 2018, S. 1002) definiert. Welche Bedeutung der öffentliche Raum dabei für Nutzer hat, hängt von deren Anspruch an die jeweilige funktionale Einheit ab. Quartiere sind somit kontinuierlichen Veränderungsprozessen der strukturellen, gesellschaftlichen und wirtschaftlichen Rahmenbedingungen unterworfen (Vrhovac et al., 2021, S. 13). Krisen, Katastrophen und Schocks, wie beispielsweise Pandemien, stellen besondere Herausforderungen dar, insofern sie Funktionsverschiebungen beschleunigen. Für ein besseres Verständnis dieser Verschiebungen ist es wichtig zu verstehen, was die Erfolgsgeschichte der Städte grundsätzlich historisch ausmacht (Just & Plößl, 2021, S. 3 ff.). Auch in Bezug auf das Konzept der urbanen Resilienz ist es erforderlich „das System Stadt näher in seinen wesentlichen Strukturelementen, Funktionen und Wechselwirkungen zu erläutern" (BBSR, 2018, S. 18).

Um diesen Erfolg von Städten historisch zu erklären, bedienen sich Just und Plößl (2021, S. 7) drei ökonomische Gesetzmäßigkeiten.

Erstens ist die Bereitstellung von öffentlichen Gütern, wie Verwaltungsdienstleistungen, Sicherheit, leistungsgebundener Infrastruktur, Bildung oder Kultur in dichteren Strukturen wesentlich einfacher und rentabler. Dies gilt auch in Bezug auf privatwirtschaftliche Güter, wie den Zugang zu Arbeitskräften, Kapital, Produktion und dem daraus resultierenden Konsum. Städte bieten somit Größenvorteile und niedrige Transaktionskosten. Zweitens begünstigen Städte Innovation und die Entwicklung neuer Prozesse. Denn gerade Innenstädte fördern durch die Bereitstellung von zentralen Treffpunkten wie Märkten und Messen einerseits den Austausch (von Dienstleistungen, Gütern und Informationen), andererseits den Wettbewerb, dessen Intensität von der Anzahl der sich treffenden Menschen bestimmt wird. Drittens bieten Städte ein Entwicklungsumfeld für menschliche Kreativität, die kulturelle Ereignisse und Kunst hervorbringt. Sie sind von großer Bedeutung für die Attraktivität urbaner Zentren und ausschlaggebend für deren langfristigen Erfolg (Just & Plößl, 2021, S. 7 ff.).

Auf der Grundlage dieser Vorteile des urbanen Raums entsteht ein Bund aus öffentlichen und privaten Gütern, der auf eine freie Gesellschaft abzielt (Just & Plößl, 2021, S. 20). Die Basis für diese Güterzusammenlegung bilden unter anderem die Sicherheit, die Versorgung, die Freiheit sowie die Kunst und Erlebniskultur. Von Bedeutung sind außerdem die Versorgung mit Wohn- und Arbeitsraum sowie infrastrukturelle Aspekte wie Mobilität, Bildung, Kommunikation, Ver- und Entsorgung, Repräsentation, Verwaltung, Kultur und Freizeit (Diringer et al., 2022, S. 15).

Auch das Stadtentwicklungsmodell des Bundesinstitut für Bau-, Stadt und Raumforschung (BBSR) sieht in Arbeit, Wohnen, Mobilität und Versorgung die Kernfunktionen der Stadt. Integriert sind diese Funktionen in ein Netzwerk bestehend aus den Komponenten der Sicherung von Urbanität, der Umweltqualität und der sozialen Integration. Wie in Abb. 2.1 deutlich wird, ist auch die „Steuerung

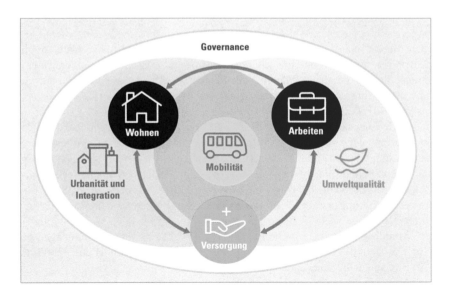

Abb. 2.1 Funktionales Stadtmodell. (Quelle: BBSR, 2018, S. 19)

des dynamischen Systems Stadt im Zusammenspiel von Politik, Verwaltung, Interessensgruppen und Bürgerschaft" (BBSR, 2018, S. 19), also die *Governance-Funktion* ein entscheidender Baustein einer funktionsfähigen Stadt (BBSR, 2018, S. 19).

Diese funktionale Konstellation einer Stadt bzw. einer Innenstadt wird durch Katastrophen, Krisen und Schocks, wie zuletzt der Corona-Pandemie oder aktuell dem russischen Angriffskrieg, beeinflusst. Die dadurch veränderten Rahmenbedingungen und Funktionsverschiebungen stellen Innenstädte vor neue Herausforderungen (ZIA, 2024, S. 223; Just & Plößl, 2021, S. 9; Diringer et al., 2022, S. 18).

2.1.2 Herausforderungen und Funktionsverschiebungen

Für einen besseren Überblick werden die aus Funktionsverschiebungen resultierenden Herausforderungen, vor denen innerstädtische Quartiere stehen, anhand der einzelnen städtischen Aufgabenbereiche vorgestellt.

2.1.2.1 Einzelhandel

Die Corona-Pandemie war geprägt von menschenleeren Innenstädten (Jakubowski, 2020, S. 58). Dies hatte Auswirkungen auf innerstädtische Kernfunktionen wie Versorgung und Handel (Diringer et al., 2022, S. 18). Besonders das Einzelhandelsgewerbe war von diesem Wandel betroffen. Ein Überleben von Geschäften und Filialen war oft nur mit einer massiven Unterstützung der öffentlichen Hand durch Maßnahmen wie Corona-Schutzschilder oder dem Aussetzten von Insolvenzantragspflichten möglich. Während der Pandemie wurden also Funktionen der Innenstädte eingeschränkt und stehen nun im Fokus stadtplanerischer Debatten (Jakubowski, 2020, S. 58).

Der Gesellschaftliche Wandel ist ein weiterer Faktor für die innerstädtischen Transformationsprozesse (Pfnür & Rau, 2023, S. 19–20). Dies betrifft insbesondere die Konsumgewohnheiten, die unter anderem durch den Wunsch nach einem neuen, erweiterten Einkaufserlebnis einer Wandlung unterworfen sind – eine Entwicklung, die durch die Pandemie intensiviert wurde (Ruess et al., 2021, S. 8). Ein weiterer Erklärungsansatz für die veränderten Konsumgewohnheiten ist die verstärkte Nachfrage nach hochwertigen, nachhaltigen und lokalen Waren, die unter dem Trendbegriff der „Neo-Ökologie" (CIMA, 2022, S. 11) zusammengefasst wird. Das stellt die von CIMA Beratungs- und Management GmbH durchgeführte „Deutschlandstudie Innenstadt" heraus (CIMA, 2022, S. 11).

Auch die fortschreitende Digitalisierung und der damit einhergehende wachsende Onlinehandel sind Faktoren für die Veränderung des Konsumverhaltens (Jakubowski, 2020, S. 58). Die wachsenden Umsätze des Onlinehandels korrelieren mit den rückläufigen innerstädtischen Umsätzen (BBSR, 2017, S. 37 ff.), sodass sich die Nachfrage nach hochpreisigen Einzelhandelsflächen verringert (Jakubowski, 2020, S. 58).

Eine von Statista durchgeführte Umfrage (2023, S. 19) legt nahe, dass die Kundenfrequenz in der Innenstadt generell abnimmt. Die Zahlen haben sich nach der Corona-Pandemie zwar erholt, jedoch geben immer noch 23 % der nach der Pandemie Befragten an, eine deutlich sinkende Kundenfrequenz in den Innenstädten wahrzunehmen, während es vor der Pandemie lediglich 15 % waren.

Wegen sinkender innerstädtischer Kundenfrequenzen werden Verkaufsstandorte und Handelsflächen unrentabel und die Filialisten verschwinden aus den zentralen urbanen Quartieren (BMI, 2021a, S. 8). Sogenannte Trading-down-Effekte sind das Resultat. Es kommt zu sinkenden Mieten bei den Einzelhandelsflächen und wachsenden Leerständen in innerstädtischen Lagen. Auch große Einzelhandelskaufhäuser sind von dieser Entwicklung betroffen. Die Filialen von Galeria sind dafür ein gutes Beispiel. In ihrem letzten Insolvenzverfahren sind 52 ihrer Innenstadtfilialen geschlossen worden (Pfnür & Rau, 2023, S. 1).

2.1.2.2 Gastgewerbe, Ladenhandwerk und Tourismus

Auch das Gastgewerbe wurde durch die Corona-Pandemie stark beeinträchtigt. Grund war auch hier der deutliche Rückgang der Kundenfrequenz (BMI, 2021a, S. 9). Zudem werden auch an diese innerstädtische Funktion neue Ansprüche gestellt. Man spricht dabei von „Food ist the new retail" (Fritsch & Zöller, 2021, S. 5) und es wird aktuell die Frage gestellt, „ob die Gastronomie die in sie gesetzten Erwartungen [...] bei andauernder Schwäche des Frequenzbringers Handel erfüllen kann" (Diringer et al., 2022, S. 25). Cafés und Restaurants präsentieren ihr Angebot häufiger in Buchhandlungen oder Bekleidungsläden und erhöhen die Attraktivität mithilfe von Kulturveranstaltungen. Es findet dabei eine Verknüpfung verschiedener innerstädtischer Funktionen wie Handel, Gastronomie und Kultur statt (Diringer et al., 2022, S. 25).

Strukturellen Veränderungsprozesse sind ebenfalls die inhabergeführten Ladenhandwerksbetriebe in den Innenstädten unterworfen. Ein ersatzloser Wegfall dieser Flächen würde nicht nur das wohnungsnahe Versorgungsangebot reduzieren, sondern auch die Attraktivität der Innenstädte und hätte damit Auswirkungen auf die Tourismuswirtschaft. Um das Potenzial der Ladenhandwerksbetriebe weiterhin nutzen zu können, gilt es daher, über alternative Möglichkeiten für die Präsentation ihrer Produkte nachzudenken (BMI, 2021a, S. 9).

2.1.2.3 Büro

Die Ausprägung der innerstädtischen Funktion, Arbeitsräume bereitzustellen, variiert je nach Standort. Quartiere, die von der Versicherungs- und Finanzbranche geprägt sind, weisen z. B. einen hohen Büroflächenanteil auf. Dies trifft insbesondere auf die Innenstädte zu, wo auf Arbeitsräume wie Büros einer der größten Flächenanteile entfallen. Bei dieser Nutzungsart werden vorzugsweise die oberen Etagen belegt (Diringer et al., 2022, S. 22). Corona-Pandemie und Digitalisierung führen nun auch im Bereich des innerstädtischen Arbeitsraumes zu einer Funktionsverschiebung. Durch den Trend des Homeoffice wird die Büro- zur Heimarbeit und es verlagert sich der Arbeitsraum von den Innenstädten in die Wohngebiete (Jakubowski, 2020, S. 60). Im Vergleich zur Prä-Corona-Situation arbeiteten in den Bereichen Dienstleistungen, verarbeitendes Gewerbe und Handel während der Corona-Krise doppelt so viele Menschen im Homeoffice (Statista, 2023, S. 33). Auch im Jahr 2024 sieht das Frühjahrsgutachten des Zentralen Immobilien Ausschusses e. V. (ZIA) die hybride Arbeitswelt weiterhin als Grund für eine selektivere Flächennachfrage und als Auslöser für die Entwicklung neuer Qualitätsstandards an (ZIA, 2024, S. 225).

Eine weitere Folge dieser Entwicklung ist die Verringerung der Anzahl von Pendlern. Dies wiederum hat Auswirkungen auf die Kundenfrequenz und den Umsatz in den Innenstädten. Corona-Krise und Homeoffice haben aber nicht nur den Bedarf an innerstädtischen Büroflächen verändert, sondern auch deren Nutzung. Innerstädtische Büroflächen müssen sich neuen Anforderungen anpassen. So müssen bei der Bereitstellung von urbanen Arbeitsräumen künftig beispielsweise verstärkt flexible Konzepte, wie Co-Working-Flächen, beachtet werden. Die gebotenen Anpassungen sind mit hohen Kosten verbunden (BMI, 2021a, S. 10). Davon betroffen sind alle innerstädtischen Büroeigentümer und -nutzer, insbesondere jedoch die Eigentümer und Nutzer großflächiger Büroeinheiten, die sich vor große Herausforderungen gestellt sehen (Jakubowski, 2020, S. 61).

2.1.2.4 Wohnen

Geht es nach dem Willen des BMI (2021a, S. 11), soll die Funktion des Wohnens, mittels der Bereitstellung von Wohnraum, auch weiterhin ein wichtiger Bestandteil der infrastrukturellen Versorgung in den Innenstädten bleiben bzw. werden. Denn Wohnflächen spielen für einen zukunftsfähigen und vielfältigen Funktionsmix in den Innenstädten eine wichtige Rolle (ZIA, 2024, S. 228). Die zentrale Lage, das vielschichtige Angebot sowie die gute Erreichbarkeit sind gerade für kleine Haushalte Argumente, um in den Innenstädten zu wohnen. Dieses Angebot aufrecht zu erhalten, ist nach der Corona-Pandemie eine Herausforderung für die Stadtentwicklung (Jakubowski, 2020, S. 64).

Wie in den Ausführungen zum Wandel der innerstädtischen Gewerbeflächen deutlich wurde, stehen diese vor einer Umstrukturierung (Jakubowski, 2020, S. 64). Aktuelle Gutachten und Berichte nennen dabei das Wohnen als alternative, rentable Nutzung der Flächenpotenziale, die durch den strukturellen Wandel entstehen (ZIA, 2024, S. 228). Die Pandemie wird in diesem Kontext als „Innovationstreiberin" (Jakubowski, 2020, S. 64) gesehen, insofern als das zentrale urbane Wohnen für eine Innenstadtbelebung und somit für eine höhere Kundenfrequenz sorgen könnte (BMI, 2021a, S. 11). Für eine erfolgreiche Umsetzung dieser Strategie und einer gleichzeitigen Stabilisierung und Reaktivierung der Innenstädte sind weitere Funktionskonstellationen neben dem Wohnen zu integrieren. Flächenkonkurrenzen mit Freiräumen stellen dabei eine Herausforderung dar. Eine mögliche Nutzung, die neben dem Wohnen zu integrieren ist, sind z. B. Betreuungs- und Bildungseinheiten (BMI, 2021a, S. 11).

2.1.2.5 Bildung

Soziale Angebote und Bildungsflächen liegen meist in Quartieren, die an die Innenstädten angrenzen. In den innerstädtischen Lagen dagegen ist ein Defizit dieser Einrichtungen zu verzeichnen. Grund dafür sind die in der Vergangenheit schwer bezahlbaren Preise und starken Flächenkonkurrenzen (ZIA, 2024, S. 228; Jakubowski, 2020, S. 62). Diringer, Pätzold, Trapp und Wagner-Endres (Diringer et al., 2022, S. 21) betonen aber, dass Kitas, Bibliotheken und Schulen eine wichtige Nutzung in den Innenstädten darstellen und unverzichtbar für die Bereitstellung sozialer Infrastruktur sind. Außerdem heben sie hervor, dass soziale Einrichtungen für eine Belebung und damit eine gesteigerte Attraktivität des öffentlichen Raumes sorgen können. Diese Einrichtungen könnten also einen entscheidenden Impuls für innerstädtische Transformationsprozesse geben (ZIA, 2024, S. 228).

Das Problem bei der Umsetzung dieses Ansatzes sind die in den innerstädtischen Lagen zu hohen Mieten, insbesondere aus Sicht sozialer Träger, die auf niedrige und bezahlbare Mieten angewiesen sind (Jakubowski, 2020, S. 62). Bildungseinrichtungen und soziale Infrastrukturen könnten in zentralen Lagen in leerstehenden Flächen untergebracht werden und dadurch Innenstädte gesellschaftlich aufwerten. Es ist Aufgabe der Innenstadtentwicklung, dafür Sorge zu tragen, dass die Potenziale von leerstehenden Immobilien genutzt werden (Zuschlag, 2021, o. S.).

2.1.2.6 Mobilität und Verkehr

Im Absatz zum Thema Wohnen in der Innenstadt wurde die gute Erreichbarkeit als wichtiges Argument für deren Qualität genannt. Damit Stadtkerne und deren räumlich-funktionale Konstellation attraktiv und lebendig bleiben, muss ein guter Zugang gesichert sein. Es sind nicht nur die ökologischen Faktoren, sondern auch die Aufenthalts- und Lebensqualität einer Innenstadt, die von der Verkehrsinfrastruktur abhängig sind. Beeinflusst wird diese durch das Angebot verschiedener Mobilitätsarten, die Erreichbarkeit und Anbindung und das Verkehrsaufkommen (BMI, 2021a, S. 14).

Während in der Corona-Pandemie der öffentliche Personennahverkehr (ÖPNV) als zentrales Fortbewegungsmittel in den Innenstädten weniger genutzt wurde, stieg die Anzahl an Fußgängern, aber gleichzeitig auch der Anteil des motorisierten Individualverkehrs (MIV) (Statista, 2024, o. S.). Laut dem BMI (2021a, S. 14) geht der Trend jedoch in Richtung eines stärkeren Umweltbewusstseins der Bevölkerung. Die nachhaltige Lebensweise wird gerade auch bei jüngeren Menschen immer wichtiger, wodurch die Nachfrage nach innovativen Mobilitätskonzepten mit starker Einbindung des Fuß- und Radverkehrs immer größer wird (BMI, 2021a, S. 14). Während die Nutzung des Autos als Fortbewegungsmittel abnimmt, werden Carsharing, das Fahrrad und der urbane ÖPNV immer attraktiver. Dazu kommen neue Mobilitätsformen, welche durch die wachsende Elektrifizierung am Markt erscheinen (CIMA, 2022, S. 23). Eine Umfrage der „Deutschlandstudie Innenstadt" bekräftigt diese Aussage. Laut der Studie wird der PKW lediglich noch in Städten bis 50.000 Einwohner bevorzugt (54,1 %) genutzt. Ab 50.000 Einwohner ist es mit 63,8 % der Umweltverbund, welcher dominiert und ab 200.000 Einwohner der ÖPNV (47,8 %) (CIMA, 2022, S. 24). Der hier beschriebene Umweltbund setzt sich aus dem Fuß-, Radverkehr sowie dem ÖPNV zusammen (ZIA, 2024, S. 229). Die herausfordernde Aufgabe der Innenstadtentwicklung ist es nun diese Mobilitätsformen je nach Bedarf zu integrieren und zu verknüpfen (BMI, 2021a, S. 15).

2.1.2.7 Freiräume und innerstädtisches Grün

Öffentliche Räume haben eine zentrale Bedeutung für die Innenstädte und das urbane Leben. Merkmale der Identifikation, der Begegnung, der Kommunikation aber auch der Repräsentation spielen dabei eine wichtige Rolle (Jakubowski, 2020, S. 62). Ein erlebnisorientiertes Angebot in der Innenstadt ist für die Freizeitgestaltung und Erholungsfähigkeit ein wichtiger Baustein. Die wachsende Bereitstellung solcher Angebote führte in den letzten Jahren jedoch eher zu einer höheren Dichte an kommerziellen Einrichtungen, wie beispielsweise Kinos (Diringer et al., 2022, S. 23). Die Corona-Pandemie und deren Lockdowns haben die Nachfrage nach innerstädtischen Erholungsflächen erhöht. Frei- und Grünflächen als *Transition Spaces* gewinnen stark an Bedeutung (BMI, 2021a, S. 13). Das Fehlen von Sport- und Kulturangeboten während dieser Zeit wirkt als Katalysator für die verstärkte Nutzung dieser Flächen (Jakubowski, 2020, S. 63). Die Nachfrage nach kommerziellen Angeboten wie Fitnessstudios und Kinos geht dabei kontinuierlich zurück (Pfnür & Rau, 2023, S. 20).

Die Gesellschaft trifft somit im öffentlichen Raum, beispielsweise in zentralen Parkanlagen, aufeinander und erhöht deren Nutzungsdruck (BMI, 2021a, S. 13). Es sind aber auch die verschiedenen sozialen Milieus und die immer stärker werdende Diversifizierung der Stadtbevölkerung, welche eine Herausforderung für die Innenstadtentwicklung darstellen (Anders et al., 2023, S. 363). In Bezug auf das Wohlbefinden im öffentlichen Raum haben zudem Verwahrlosung, Vandalismus und gestalterische bzw. bauliche Mängel einen negativen Einfluss. Die Bevölkerung fühlt sich in solchen Situationen unwohl und meidet diese. Sauberkeit und Sicherheit sind somit neben der Instandhaltung in diesen innerstädtisch-funktionalen Bereichen wichtige Attribute (BMI, 2021a, S. 13). Das BMI (2021a, S. 13) betont weiter, dass es generell an begrünten Flächen in den Innenstädten mangelt. In Bezug auf den andauernden Klimawandel und das Kleinklima in den Städten besteht hierbei Handlungsbedarf. Der Grund dafür sind unter anderem der „Kontrast zwischen häufig monofunktionalen Fußgängerzonen und unwirtlichen PKW-dominierten Räumen, sowohl Stellplatzanlagen als auch Verkehrsstraßen" (Jakubowski, 2020, S. 63).

Eine dichte Bebauung und der hohe Grad an versiegelten Flächen in den Innenstädten führen zu Trockenheit, Hitzewellen und Starkregenereignisse, welche den Klimawandel vorantreiben. Auch Emissionen wie Feinstaub und Lärm werden dadurch erzeugt (Diringer et al., 2022, S. 19; BMI, 2021a, S. 15). Klimaschutzmaßnahmen würden die urbane Gesundheit fördern und für eine bessere Lebensqualität in den zentralen, urbanen Lagen sorgen (Vrhovac et al., 2021, S. 70). Die Aufteilung von versiegelten Flächen und begrünten Räumen hat im Sinne der doppelten Innenentwicklung und unter Beachtung sozialer Gerechtigkeit zu erfolgen (BMI, 2021a, S. 13–14). Grün-blaue Infrastrukturen haben dabei eine „Schlüsselfunktion" (Vrhovac et al., 2021, S. 70).

Innerhalb der unterschiedlichen innerstädtischen Funktionen wurden Herausforderungen identifiziert, die auch den politischen Entscheidungsträgern und Planern bekannt sind. Die bereits etablierten Förderprogramme auf Bundes- und Länderebene wie das „Programm Lebendige Zentren" oder „Aktive Stadt- und Ortsteilzentren" sind für das Lösen dieser Herausforderungen nicht ausreichend. Für das Erarbeiten und Integrieren von neuen Konzepten übernimmt die urbane *Governance*-Funktion der Innenstädte eine wichtige Bedeutung (Anders et al., 2023, S. 363). Die Kerngebiete der Städte und deren funktional-räumliche Konstellation stehen dabei nicht nur dem gesellschaftlichen, ökologischen und technologischen Strukturwandel entgegen (Pfnür & Rau, 2023, S. 1). Auch Krisensituationen wie die Corona-Pandemie als Auslöser solcher Problemsituationen spielen eine entscheidende Rolle (Just & Plößl, 2021, S. 3). Eine zukunftsgerechte Quartiersentwicklung ist auf eine bedarfsgerechte und übergeordnete Strategie angewiesen, um den Krisenumgang in Städten zu verbessern (ZIA, 2024, S. 230; Just & Plößl, 2021, S. 3).

2.2   Resilienz in der Stadtentwicklung

Der zweite Abschnitt innerhalb des Kapitels der theoretischen Grundlagen und des aktuellen Forschungsstandes befasst sich mit der Resilienz als Konzept in der Stadtentwicklung. Nach grundlegenden Aspekten wird der Begriff der Resilienz hergeleitet und anschließend das Spezialgebiet der urbanen Resilienz auf Basis der bisherigen Forschung definiert. Innerhalb einer Konkretisierung wird das urbane Quartier als Grundlage für eine resiliente Stadtentwicklung dargestellt und dessen Vorzüge erläutert.

2.2.1   Grundlagen

Die urbane Geschichte war immer wieder von Krisen und Katastrophen geprägt, deren Auswirkungen zu gravierenden Zerstörungen und zeitweise Ausfällen der städtischen Funktionen führten (BBSR, 2018, S. 9). In den europäischen Städten ist es der Stadtbevölkerung immer wieder gelungen, sich auf Basis der Geschehnisse anzupassen und mithilfe von technologischen, kulturellen, sozialen und ökonomischen Fortschritten weiterzuentwickeln. Dies bildet eine Grundlage für das urbane Leben (BMI, 2021b, S. 7). Aus diesem Lernprozess gingen bis heute institutionelle Strukturen und Instrumente für die Quartierentwicklung hervor, was zur Folge hatte, dass urbanen Metropolen widerstandsfähiger und baulich robuster gegenüber zukünftigen Katastrophen geworden sind (BBSR, 2018, S. 9).

Zuletzt stellte die Corona-Pandemie eine derartige Krisensituation mit neuen Herausforderungen dar (Kabisch et al., 2024, S. VII). Eine kontinuierliche Weiterentwicklung der urbanen Transformation konnte durch diesen Einfluss nicht weitergeführt werden (Jakubowski, 2020, S. 20). Die anspruchsvolle Aufgabe bestand darin, die Lebensqualität zum Wohl der Bevölkerung aufrechtzuerhalten und gleichzeitig der ökologischen, sozialen und ökonomischen Verantwortung nachzukommen (BMI, 2021b, S. 7). Das Konzept der Resilienz spielt dabei eine zentrale Rolle (Kabisch et al., 2024, S. VII). Diese fußt auf dem immer stärker werdenden Einfluss von Krisen und Katastrophen auf urbane Regionen (Kuhlicke, 2018, S. 363 ff.). Im Kern versteht man darunter „die Fähigkeiten [...], mit zerstörerischen Ereignissen umzugehen" (BBSR, 2018, S. 13).

Aktuell sind es neben der Corona-Pandemie auch die Auswirkungen der vergangenen und aktuellen Hochwasserkatastrophen sowie der russische Angriffskrieg, welche die Städte und ihre Quartiere vor neue Herausforderungen stellt (ZIA, 2024, S. 223; Rink et al., 2024, S. 3–4). Daran lässt sich beobachten, dass derartige Krisensituationen immer häufiger und in kürzeren Zeitabständen auftre-

ten. Sie werden zu einer „gesellschaftlichen und politischen Normalität" (Jakubowski, 2020, S. 20). Aus diesem Grund spielt die Thematik der Resilienz auch im
politischen Diskurs eine wichtige Rolle. Internationale Organisationen, Regierungen aber auch die Privatwirtschaft versuchen dieses Konzept in ihre Startegieent-
wicklung einzubeziehen (Kabisch et al., 2024, S. VII). In Deutschland stellt sich
die Politik die Frage: „Wie können wir die Städte und Gemeinden in der Stadtentwicklung schnell unterstützen und dazu beitragen, dass sie zukunftsfähig und resilient gestaltet werden?" (BMI, 2021b, S. 7). Im Vordergrund stehen die Krisenbewältigung und die erläuterten städtischen Herausforderungen. Das Konzept der
Resilienz rückt dabei in den Fokus dieser Betrachtungen (ZIA, 2024, S. 230).

2.2.2 Definitorische Herleitung der urbanen Resilienz und aktueller Forschungsstand

Ein direkter Zusammenhang zwischen Resilienz und Stadtentwicklung wird in der
aktuellen Forschung erst seit etwa vierzehn Jahren erkannt (Rink et al., 2024, S. 5).
Um diesen Zusammenhang klar darzustellen, gliedert sich der folgende Abschnitt
in eine allgemeine Herleitung des Resilienz-Begriffs, eine Darstellung des aktuellen Forschungstandes zur urbanen Resilienz und eine abschließende Definition
derselben.

2.2.2.1 Herleitung des Resilienz-Begriffs im Allgemeinen

Leitet man den Begriff der Resilienz aus dem lateinischen Wort „resilire" ab, so
lässt er sich mit „zurückspringen" oder „abprallen" übersetzten (Jakubowski, 2020,
S. 22). Im Englischen wird dieser Begriff als „preparedness" oder „readiness" bezeichnet, was die Fähigkeit zur Reaktion auf Katastrophen beschreibt (BBSR,
2018, S. 14). In der Theorie setzt sich Resilienz mit dem Synonym der Robustheit
eines Systems gleich. Eine Verwendung im Kontext der Stadtentwicklung findet
dabei vorerst nicht statt. In den 2000er-Jahren verbindet man den Begriff mit
sozial-ökonomischen Abläufen (Rink et al., 2024, S. 4). Innerhalb dieser Prozesse
etabliert er sich als Leitbild gegenüber „Friktionen, Brüche oder Katastrophen als
Bestandteil von Entwicklung[en]" (Jakubowski, 2020, S. 21). Die Materialforschung liefert erste Ansätze (Rink et al., 2024, S. 4), die es ermöglichen, das
Resilienz-Konzept auf unterschiedliche Konstellationen zu übertragen, um deren
Grundfunktionen und Robustheit sicherzustellen (BBSR, 2018, S. 13). Die Psy-
chologie ist parallel zur Materialforschung eine weiter Disziplin, in der die Resilienz schon einige Zeit Verwendung findet. In der Entwicklungspsychologie
spielt beispielsweise die Widerstandskraft im Kontext der Resilienz eine wichtige

Rolle. Der Mensch sollte sich an neue Lebenssituationen erfolgreich anpassen können, ohne, dass wichtige Systemeigenschaften verloren gehen (Fekkak et al., 2016, S. 10).

Um den Begriff der Resilienz im Hinblick auf die räumliche Dimension zu definieren, ist es zunächst erforderlich, die Verknüpfungen zu verwandten Konzepten zu untersuchen (BBSR, 2018, S. 13). Im Gegensatz zur Resilienz konzentriert sich die nachhaltige Entwicklung beispielsweise auf die Vermeidung ökologischer, sozialer oder ökonomischer Krisen (Jakubowski, 2020, S. 21). In der Vergangenheit hat sich aber gezeigt, dass auch in diesen drei Dimensionen funktionierende Systeme zusammenbrechen können. Eine schnelle Umstrukturierung einer Vielzahl von Netzwerken ist dabei die Ursache (BBSR, 2018, S. 13). Im Gegensatz zum Nachhaltigkeitskonzept fokussiert sich der Resilienz-Ansatz auf die Stärkung der Widerstandfähigkeit von Systemen und auf Strategien, die eine zügige Erholung nach Störungen fördern (Jakubowski, 2020, S. 21). Schäfer und Just (2018, S. 3) sprechen in diesem Kontext von einem wichtigen Perspektivenwechsel. Dieser verschafft der Resilienz im Gegensatz zum Konzept der Vulnerabilität, also der Verwundbarkeit eines Systems, einen wesentlich höheren Anreiz (BBSR, 2018, S. 13).

Aufgrund des häufigen Auftretens von Krisensituationen wird der Resilienz-Ansatz auch für Städte und deren Entwicklung von großer Bedeutung. In Reaktion darauf wurden verschiedene Forschungsprojekte initiiert und Modelle entwickelt. Dennoch stellt die Resilienz nach wie vor kein vollständig durchdachtes Konzept für die Stadtentwicklung dar (Rink et al., 2024, S. 4). Die Verbindung zwischen Resilienz, der urbanen Entwicklung und Quartierssanierung besteht aufgrund der Anfälligkeit der städtischen Funktionen gegenüber Krisen und Katastrophen. Inwiefern solche Beeinträchtigungen urbane Aufgaben, wie die Versorgung mit Dienstleistungen und Gütern beeinflussen kann, wurde im ersten Abschnitt zu den Funktionsverschiebungen deutlich (siehe Abschn. 2.1.2). Die Aufgabe der verantwortlichen Akteure ist es, diese Kernfunktionen auch während Schocks, wie der Corona-Pandemie, weiter zu gewährleisten (Fekkak et al., 2016, S. 10).

2.2.2.2 Aktueller Forschungsstand in Bezug auf die urbane Resilienz

Innerhalb der Forschung ist seit dem Jahr 2010 ein zunehmender Zusammenhang zwischen Stadtentwicklung und Resilienz zu beobachten (Rink et al., 2024, S. 5). In seiner Publikation behandelt Müller (2010) insbesondere die Themen Klima-Resilienz und demografische Veränderungsprozesse. Des Weiteren erwähnen Rink et al. (2024, S. 5) den von 2014 bis 2016 durchgeführten „Stresstest Stadt – mit neuen Risiken planen und leben lernen" als Meilenstein in der Forschung zur urbanen Resilienz. Im Rahmen des Forschungsprojektes „Experimenteller Wohnungs-

und Städtebau" verfolgte das BBSR im Auftrag des Bundesministeriums für Umwelt, Naturschutz, Bau und Reaktorsicherheit (BMUB) das Ziel, praktische Ansätze für innovative resiliente Strategien in der Stadtentwicklung zu etablieren (BBSR, 2018, S. 3 ff.). Es galt „das mehrdimensionale Konzept der Resilienz für Städte in Deutschland zu operationalisieren und einen praxistauglichen Test zur Identifizierung und zur Analyse ihrer Resilienz-Eigenschaften zu entwickeln" (BBSR, 2018, S. 10). Auf Basis dieser Ergebnisse sollen weitere Ansätze für die Entwicklung von urbanen Regionen erarbeitet werden (BBSR, 2018, S. 11).

Im Jahr 2021 leistete zuletzt das Memorandum „Urbane Resilienz" einen Beitrag zur Resilienz-Forschung. In verschiedenen Diskussionsrunden berieten sich internationale und nationale Institutionen über eine zukunftsfähige Resilienz-Strategie und veröffentlichten auf dem 14. Bundeskongress der Nationalen Stadtentwicklungspolitik ein „gemeinschaftlich getragenes Dokument zu urbaner Resilienz" (BMI, 2021b, S. 7). In dieser Publikation veröffentlichte Handlungsempfehlungen, die sich an den Richtlinien der *Neuen Leipzig-Charta* von 2021 orientieren, zielen darauf ab, die Zusammenarbeit zur Förderung einer resilienten Stadtentwicklung zu unterstützen (BMI, 2021b, S. 7). Kurth (2021, S. 12) betrachtet diesen Bericht als einen entscheidenden Schritt, durch den der Begriff der urbanen Resilienz in die Stadtentwicklung endgültig integriert wurde. Es ist dem Memorandum gelungen, unterschiedliche Forschungsansätze zu vereinen und zu einer für die Politik wichtigen Aufgabensammlung zusammenzufassen (Rink et al., 2024, S. 8).

2.2.2.3 Definition der Urbanen Resilienz

Um den Begriff der urbanen Resilienz auf Grundlage der allgemeinen Herleitung und des aktuellen Forschungstandes zu definieren, lassen sich verschiedene Ansätze identifizieren. Im internationalen Kontext beschreibt die *Organisation for Economic Cooperation and Development* (OECD), eine internationale Organisation, die sich für eine verbesserte Politik und ein höheres Lebensniveau einsetzt, die urbane Resilienz wie folgt: „Resilient cities are cities that have the ability to absorb, recover and prepare for future shocks (economic, environmental, social & institutional). Resilient cities promote sustainable development, well-being and inclusive growth" (OECD, 2018, o. S.). Einen weiteren allgemein gehaltenen Definitionsversuch, der die Nachhaltigkeit mit in die Beschreibung der urbanen Resilienz einbezieht, stellen die *Sustainable Development Goals* (SDG´s) der UN. Das *SDG 11 für nachhaltige Städte und Gemeinden* formuliert dabei das Ziel, dass „in Städten und Gemeinden eine gemeinwohlorientierte, partnerschaftliche und resiliente Stadtentwicklung umzusetzen [ist], die nachhaltige und leistungsfähige Strukturen schafft" (Bundesregierung, 2021, S. 86).

Kaltenbrunner (2013, S. 291) formuliert sein Verständnis der urbanen Resilienz etwas konkreter. Er sieht darin nicht nur das Wiederherstellen der städtischen Funktionen. Für ihn spielt die Regeneration, in der auch Selbsterneuerungsprozesse stattfinden, eine wichtige Rolle. In diesem Kontext ist somit das Gemeinschaftsgefühl und der soziale Zusammenhalt eine wichtige Voraussetzung für die Entwicklung der urbanen Resilienz (Kaltenbrunner, 2013, S. 291). Rink et al. (2024, S. 9) beobachtet in diesem Ansatz einen Widerspruch, der nicht einfach zu lösen ist. Es ist zum einen die Robustheit und Kompetenz des Widerherstellens der Grundfunktionen, die von resilienten Städten gefordert wird. Zum anderen ist es die Agilität, sich an veränderte Umstände anpassen zu können (Kuhlicke, 2018, S. 366). Mithilfe von „Reflexionsräume[n]" (BIM, 2021, S. 6) sollen Erkenntnisprozesse eingeleitet werden, um aus vergangen Katastrophen und Krisen für die Zukunft zu lernen (BIM, 2021, S. 6).

Das BBSR (2018, S. 14) sieht in einer urbanen resilienten Struktur zwei Dimensionen. Zum einen die robusten, widerstandsfähigen Merkmale einer urbanen Region gegenüber Krisensitutionen und zum anderen die Transformations- und Anpassungsfähigkeit, welche die zukünftige Funtionsfähigkeit des Stadtsystems sichert. Es existieren Spannungen zwischen der Transformation und der Stabilisierung (BBSR, 2018, S. 14). Diese werfen in Bezug auf die Definition der urbanen Resilienz Fragen auf. Es wird darunter oft nur das Wiederherstellen von bestehenden Strukturen verstanden. Dies löst nicht unbedingt die eigentliche Ursache des Systemzusammenbruchs nach Krisen. Auch nach der Corona-Pandemie wurden bislang noch keine resilienten Merkmale entwickelt, welche zukünftig in Städten das Ausbreiten von Pandemien verhindern würden (Rink et al., 2024, S. 10).

Rink et al. (2024, S. 10–11) haben in ihrer Herausgabe nicht den Anspruch, die genannten definitorischen Schwachpunkte aufzulösen. Sie definieren, in Anknüpfung an die unterschiedlichen Definitionsansätze, die urbane Resilienz zusammenfassen als „Fähigkeit einer Stadt, angesichts einer Störung, einer Krise oder eines Schocks ihre zentralen Funktionen aufrechtzuerhalten oder rasch wiederherzustellen" (Rink et al., 2024, S. 11). Die ‚eine' resiliente Stadt soll es in diesem Kontext nicht geben. Resiliente Merkmale haben sich stets auf eine spezielle Krisensituation zu beziehen. Die Corona-Pandemie wäre hier ein mögliches Beispiel (BBSR, 2018, S. 16).

Bei dem Aufbau einer resilienten Strategie sind neben den Auswirkungen auf die Infrastruktur und sozialen Aspekten auch politische und ökonomische Netzwerke zu beachten. Die Behauptung, Resilienz sei aus politischer Sicht neutral, ist kritisch zu betrachen. Die Verteilung von finanziellen Ressourcen und politischer Macht spielt bei der Planung von resilienten Strategien durchaus eine Rolle (Rink et al., 2024, S. 10). Auch die *Rockefeller Foundation* nennt den urbanen Wohlstand und den Marketingaspekt als Einflussfaktoren (Fariniuk et al., 2022, S. 8). Diese Institution bemüht sich seit 1913 um das Wohlergehen der Weltbevölkerung innerhalb von globalen Herausforderungen. Im Jahr 2014 hat die *Rockefeller Foundation* zudem die Aktionsgruppe „100 Resilient Cities" aufgebaut, die ein Ranking von anpassungsfähigen und robusten Städten darstellt (The Rockefeller Foundation, 2024, o. S.; Rink et al., 2024, S. 12–13). In der Praxis sind resiliente Maßnahmen mit einem entsprechenden Kostenaufwand verbunden, wobei immer der Aufwand gegen die Wirkung der Anpassung abzuwägen ist. Urbane Resilienz-Konzepte sollten innerhalb von integrierten Planungs- und Managementprozessen erarbeitet werden, weil deren Auswirkungen auch in soziale Strukturen eingreifen und zu Ungleichheiten führen können (Rink et al., 2024, S. 11).

2.2.3 Resilienz als Stadtkonzept

Forschungsansätze, die auf die Entwicklung eines geeigneten resilienten Stadtkonzepts abzielen, verfolgen unterschiedliche Methoden (Fekkak et al., 2016, S. 11). Einigkeit besteht jedoch darin, dass Resilienz-Strategien nicht nur auf die Wiederherstellung der Ausgangssituation beschränkt sein sollten (BBSR, 2018, S. 16). Wie die Definitionsansätze verdeutlichen, wird ein resilientes Konzept praktisch durch das duale System von „Robustheit und Anpassungsfähigkeit" (BBSR, 2018, S. 16) widergespiegelt.

Die *Rockefeller Foundation* verbindet, ähnlich wie das BBSR, die Dimensionen der Verletzlichkeit und der Anpassungsfähigkeit mit einem resilienten Stadtkonzept. Die Stiftung geht davon aus, dass diese beiden Elemente proportional zueinander sind. Je anpassungsfähiger eine Stadt ist, umso resilienter ist sie auch und je verwundbarer deren System ist, umso stärker sinken die resilienten Eigenschaften. Im Gegensatz zum BBSR empfiehlt die *Rockefeller Foundation* in Bezug auf das Entwickeln eines resilienten Stadtkonzeptes ein Handeln in vier Dimensionen (siehe Abb. 2.2) (Fariniuk et al., 2022, S. 9).

Bei diesen Aktionsbereichen handelt es sich um das strategische Management, das Wohlbefinden, die Infrastruktur und Dienstleistung sowie die Dimension der Wirtschaft und Gesellschaft (The Rockefeller Foundation, 2014, S. 9). Während sich der Bereich des strategischen Managements auf die Faktoren der Effizienz, der Aktivität der Akteure und die integrierte Planung bezieht, fokussiert sich die Dimension des Wohlbefindens auf die Minimierung der urbanen Verwundbarkeit, die Wirksamkeit der Schutzmaßnahmen und die Gesundheit und Lebensqualität der Bevölkerung. Mobilitätsbausteine, die Kommunikation zwischen den Akteuren und die Bereitstellung von Dienstleistungen sind Teile der Faktoren, die für den

Abb. 2.2 Rahmenbedingungen für resiliente Städte. (Quelle: The Rockefeller Foundation, 2014, S. 9)

Bereich der Infrastruktur und Dienstleistung von Bedeutung sind. Im vierten und letzten Aktionsbereich sind das nachhaltige Wirtschaften, die umfassende Sicherheit und der Aufbau einer gemeinsamen urbanen Identität von Bedeutung (Fariniuk et al., 2022, S. 7; The Rockefeller Foundation, 2014, S. 7 ff.; The Rockefeller Foundation, 2015, S. 3).

Nach dieser Operationalisierung ist es erforderlich, die wesentlichen Kriterien der genannten Modelle zu erläutern. Es stellt sich die Frage, welche Merkmale erforderlich sind, um ein urbanes System als grundsätzlich resilient zu klassifizieren.

Laut *Rockefeller Foundation* bilden diese Indikatoren die Grundlage dafür, dass Städte in Bezug auf die Krisensituationen als resilient betrachtet werden (Fariniuk et al., 2022, S. 7).

Um einen umfassenden Überblick zu gewährleisten, werden die genannten Konzeptansätze vergleichend gegenübergestellt und die wesentlichen Kriterien herausgearbeitet. Ein wichtiges Kriterium ist dabei die Redundanz. Sie beschreibt die Kompetenz einer Stadt, mithilfe von Pufferkapazitäten mehrere Wege zur Erfüllung einer bestimmten Funktion bereitzustellen. Gerade bei kritischen städtischen Aufgaben muss ein Ausfall effizient ersetzt werden können (BBSR, 2018, S. 17; Fekkak et al., 2016, S. 12; Fariniuk et al., 2022, S. 7).

Des Weiteren trägt die Flexibilität bzw. die damit einhergehende Multifunktionalität einen wichtigen Beitrag zu resilienten Stadtkonzepten bei. Einrichtungen mit vielfältigen Funktionen sind im Gegensatz zu monofunktionalen Systemen wesentlich agiler und zeichnen sich durch ihre hohe Flexibilität aus (BBSR, 2018, S. 17; Fariniuk et al., 2022, S. 8). Neben der Multifunktionalität und Flexibilität ist unter diesem Aspekt auch die Diversität ein wichtiger Indikator urbaner Resilienz. Für die Reduktion von Vulnerabilitäten einer Stadt sind unter anderem ein multikulturelles Miteinander und eine diversifizierte Wirtschaftsstruktur von Bedeutung (Fekkak et al., 2016, S. 13; BBSR, 2018, S. 17).

Während die erstgenannten Merkmale eine wesentliche Eigenschaft für die Robustheit einer Stadt darstellen, ist die Innovationsfähigkeit ein entscheidender Faktor für die Anpassungsfähigkeit. Krisensituationen wie die Corona-Pandemie werden auch zukünftig nicht mit bestehenden Handlungsansätzen zu bewältigen sein. Es bedarf innovativer Ideen und Strategien. Städte müssen in einem kontinuierlichen Lernprozess in der Lage sein, sich schnell an neue Herausforderungen anzupassen und darauf aufbauend neue Konzepte zu entwickeln, um die Funktionalität des urbanen Systems wiederherstellen zu können (The Rockefeller Foundation, 2014, S. 5; BBSR, 2018, S. 18; Fariniuk et al., 2022, S. 8). Für die Robustheit wiederum ist die Fähigkeit der Erholung ein wichtiges Merkmal von resilienten Quartieren. Diese setzt sich aus dem Wiederherstellen der Grundfunktionen, der erläuterten Lernfähigkeit und dem Wiederanknüpfen an laufende Transformationsprozesse zusammen (BBSR, 2018, S. 17).

Ein weiterer wesentlicher Indikator ist die Kapazität einer Stadt, die entwickelten Konzepte und Maßnahmen effizient und zum Wohle aller Beteiligten umzusetzten. Neben der zivilgesellschaftlichen und polititschen Motivation ist auch das notwendige Kapital eine Grundvoraussetzung für diesen Prozess (BBSR, 2018, S. 18). Dabei spielt eine zielorientierte und arbeitsteilige Zusammenarbeit der verschiedenen Akteure eine entscheidende Rolle (Fekkak et al., 2016, S. 14). Die erläuterte Konzeptentwicklung und das Verständnis von urbaner Resilienz können neben der Gesamtstadt auch auf Teilbereiche angewandt werden. Das Quartier ist in diesem Kontext beispielsweise mit den gleichen Anforderungen konfrontiert (Schmidt et al., 2024, S. 73).

2.2.4   Das Quartier als Basis für eine resiliente Stadtentwicklung

Der Ausgangspunkt der urbanen Gesellschaft ist das Stadtquartier. In diesem Teilsystem werden wichtige städtische Funktionen wie das Wohnen, Arbeiten und die Versorgungsleistung miteinander vernetzt und bilden gleichzeitig die Grundlage urbanen Lebens (Berding & Bukow, 2020, S. 2). Schnur versteht unter einem Quartier einen „kontextuell eingebettete[n], durch externe und interne Handlungen sozial konstruierte[n], jedoch unscharf konturierte[n] Mittelpunkt-Ort alltäglicher Lebenswelten und individueller sozialer Sphären, deren Schnittmengen sich im räumlich-identifikatorischen Zusammenhang eines überschaubaren Wohnumfelds abbilde[t]" (Schnur, 2014, S. 43).

Die quartiersübergreifende Vernetzung innerhalb der Gesamtstadt führt dazu, dass Quartiere zu essenziellen Bezugssystemen werden und die räumlich-funktionalen Verbindungen einer Stadt aufrechterhalten. Laut dem Memorandum „Urbane Resilienz" wird so das Entwickeln resilienter Merkmale ermöglicht (BMI, 2021b, S. 54). Schnur nennt zudem die „[b]aulich-strukturellen Synapsen" (Schnur, 2021, S. 54) als eine mögliche Verknüpfung innerhalb eines urbanen Quartiers. Diese entstehen durch die verschiedenen Typen des Quartieraufbaus. Darunter fallen beispielsweise der Verdichtungsgrad der baulichen Strukturen, das Klima innerhalb des Teilsystems, die infrastrukturellen Bausteine und die für die Quartiersgemeinschaft zur Verfügung stehenden öffentlichen Räume. Eine weitere Art der Verknüpfung bilden die „[k]onnektiv-diskursiven" (Schnur, 2021, S. 54) Schnittstellen. Hierbei liegt der Fokus auf dem sozialen Miteinander. Es treten identitätsstarke, räumliche Strukturen und gesellschaftliche Zusammenkünfte in den Vordergrund (Schnur, 2021, S. 54).

Das urbane Quartier stellt in diesem Sinne die kleinste städtische Einheit dar. Einige funktional-räumliche Prozesse können in der Quartierseinheit übersichtlicher abgebildet werden. Ist die Funktionalität solcher Teilsysteme durch Krisen, Katastrophen oder Schocks gestört, so wird auch die urbane Resilienz der Gesamtstadt geschwächt (Berding & Bukow, 2020, S. 7). Im Gegensatz dazu haben die Quartiersstrukturen aber gleichermaßen ein erhebliches Potenzial, um Maßnahmen für eine resiliente Stadt umzusetzen (Schnur, 2021, S. 54). Aus diesem Grund bildet diese Einheit eine wichtige Basis, um die Gesamtstadt im Kontext der urbanen Resilienz zu sanieren und weiterzuentwickeln (Berding & Bukow, 2020, S. 7). Das Wuppertal Institut für Klima, Umwelt, Energie gGmbH stellt hierbei in ihrem Forschungsgutachten „Resiliente Stadt – Zukunftsstadt" die urbane Resilienz bzw. resiliente Quartiersstrukturen in Abhängigkeit von den „Ressourcen und [der] Konnektivität" (Fekkak et al., 2016, S. 12) dar. Die daraus resultierenden Quartierspotenziale und sozialen Netzwerke spiegeln sich in den oben genannten Schnittstellen und Synapsen wider und sind die Basis dafür, dass sich resiliente Strukturen bilden können (Schnur, 2021, S. 54). Während der Corona-Pandemie wurde die besondere Betroffenheit von Stadtquartieren durch die Auswirkungen der Krise deutlich. Diese führte zu einer starken sozialen Einheit auf Quartiersebene (Schmidt et al., 2024, S. 74).

„Wenn das sozial-räumliche Amalgam ‚Quartier' lebendig und reagibel ist, macht es die Städte resilienter" (Schnur, 2021, S. 55). Schnur (2021, S. 55) beschreibt damit die Voraussetzung, dass Quartiere einen Beitrag zur urbanen Resilienz leisten können. In urbanen Quartieren müssen jedoch auch politische und ökonomische Entscheidungen über Förder- und Investitionsmittel getroffen werden. Ein integrierter Planungsansatz ist dabei unerlässlich. Alle betroffenen Akteure sollten einbezogen werden und auf gleicher Augenhöhe miteinander kommunizieren (Schmidt et al., 2024, S. 82).

Ziehl (2020, S. 38) spricht dabei von *Governance*-Strukturen und beschreibt diesen Ansatz als wesentlichen Bestandteil von Systemen, die urbane Resilienz aufbauen oder aufrechterhalten wollen. Das wird auch vom BMI (2021b, S. 84) im Memorandum „Urbane Resilienz" sowie vom BMUB (2007, S. 1) in der Leipzig-Charta betont.

2.3   Business Improvement Districts als Governance-Struktur in der Quartiersentwicklung

Während im ersten Abschnitt dieses Kapitels die aktuelle innerstädtische Problemsituation im Vordergrund steht, wird mit der urbanen Resilienz im zweiten Abschnitt ein konzepttheoretischer Ansatz für diese Situation erläutert. In diesem dritten und letzten Abschnitt zu den theoretischen Grundlagen wird eine Möglichkeit der praktischen Umsetzung dieses Konzepts behandelt. Politische und verwaltungstechnische Strukturen führen dazu, dass insbesondere innerstädtische Quartiere Macht- und Entscheidungsprozessen unterworfen sind (Schmidt et al., 2024, S. 75).

Im ersten Teil dieses Abschnitts werden die allgemeinen Merkmale und Vorteile der sogenannten urbanen *Governance*-Systeme erörtert. Schmidt, Pößneck, Haase

und Kabisch (2024, S. 75) sehen die Quartiersentwicklung durch viele verschiedene Akteure beeinflusst. Die Innenstadt wird vor allem durch die kleinteiligen Eigentümerstrukturen geprägt (Pfnür & Rau, 2023, S. 13). Im zweiten Teil
werden die sogenannten *Business Improvement Districts* (BIDs) näher erläutert.
Diese stellen ein Instrument dar, das darauf abzielt, diese Strukturen auf innovative
Weise zu aktivieren und gleichzeitig den beschriebenen Herausforderungen und
Funktionsverschiebungen entgegenzuwirken.

2.3.1 Grundlagen zur quartiersbezogenen Governance

Für einen kooperativen Ansatz zur resilienten Quartiersentwicklung ist es notwendig, möglichst alle relevanten Akteure einzubeziehen (Pfnür & Rau, 2023, S. 13). Vor
allem innerstädtische Eigentümerstrukturen, bestehend aus Bestandshaltern, privaten Eigentümern, Erbgemeinschaften sowie nationalen und internationalen Fonds
sind dabei von großer Bedeutung. Die verschiedenen Akteure für nötige Transformationsprozesse zu aktivieren, stellt eine große Herausforderung dar (Vollmer,
2015, S. 105).

In einer Kommunalbefragung im Rahmen der empirischen Szenario-Umfrage
von Vrhovac, Ruess und Schaufler (Vrhovac et al., 2021, S. 17) wurde aus Sicht der
Kommunen deutlich, dass neben der Eigentümerstruktur auch die finanzielle Situation der Kommunen ein bedeutendes Problemfeld darstellt. Als Ergänzung der
traditionellen Städtebauförderung sollte auch das private Kapital der innerstädtischen Eigentümerstrukturen als mögliche Finanzierungsquelle in Betracht
gezogen werden (Prey & Vollmer, 2009, S. 229). Um genannte Ansätze für die Umsetzung einer resilienten Strategie effektiv zu nutzen, ist ein innovatives Planungs-
konzept erforderlich. Ein zentrales Merkmal dieser Strategie ist die Zusammenarbeit zwischen der Privatwirtschaft, dem Staat und der Zivilgesellschaft (Vollmer,
2015, S. 114).

Vollmer (2015, S. 114) spricht in diesem Kontext auch von der *Urban Governance*. Im Gegensatz zu einem *Government*-Ansatz, der durch hierarchische
Strukturen gekennzeichnet ist, betont der Governance-Ansatz die Kooperation
und Kommunikation von staatlichen sowie-nichtstaatlichen Institutionen auf
gleicher Augenhöhe (Vollmer, 2015, S. 115). Nach der Definition von Perlik
bezeichnet *Governance* allgemein ein „gesellschaftliche[s] Steuerungs- und
Regelungssystem innerhalb sowie zwischen administrativen Einheiten des Staates, von Institutionen der Zivilgesellschaft sowie privaten Unternehmen" (Perlik,
2009, S. 69). In Bezug auf die *Urban Governance* sind folgende Merkmale von
Bedeutung. Aufgrund des Netzwerkcharakters treten die hierarchischen Strukturen mit dem Staat an der Spitze in den Hintergrund, während die politischen

Akteure eine Rolle als Lenkungsgremium einnehmen. Bei dieser Form der *Governance* stellt das urbane Quartier eine bedeutende Handlungsebene dar (Drilling & Schnur, 2009, S. 17).

Ein instrumenteller Ansatz zur Bewältigung der Kontroversen zwischen Handlung- und Investitionsbedarf, der kommunalen Haushaltslage sowie der kleinteiligen Eigentümersituation in Innenstädten sind sogenannte *Business Improvement Districts* (BIDs) (Pfnür & Rau, 2023, S. 14).

2.3.2 Business Improvement Districts

Der folgende Abschnitt gliedert sich in die Bereiche der allgemeinen Charakteristik von *Business Improvement Districts* (BIDs) sowie der gesetzlichen Grundlagen. Ziel dieser Unterteilung ist es, einen Überblick über das Instrument der BIDs zu verschaffen.

2.3.2.1 Herkunft und Charakteristik

In innerstädtischen Lagen ist es üblich, dass unterschiedliche Einzelhandelsstandorte untereinander konkurrieren. Einer ähnlichen Ausgangssituation ausgesetzt befand sich im Jahr 1970 Alex Lingh. Um dem Erfolg eines neu angesiedelten Shoppingcenters Stand zu halten, gründete der Einzelhändler aus Toronto/Kanada ein Netzwerk mit weiteren Eigentümern aus seinem Quartier und der öffentlichen Hand. Damit formierte er das erste offizielle *Business Improvement District*. Das Ziel war, die Standortattraktivität weiterhin aufrecht zu halten (Fuchs, 2017, S. 237). Dieses Instrument wird 30 Jahre später auch in Deutschland zur „Stabilisierung und Revitalisierung von Quartieren diskutiert" (Prey & Vollmer, 2009, S. 229–230).

Um die Attraktivität und räumliche Qualität in innerstädtischen Lagen zu gewährleisten, investieren Städte und Kommunen Kapital in deren Weiterentwicklung und Aufwertung. Die städtische Verwaltung initiiert diese Maßnahmen in den meisten Fällen. Innerhalb von BIDs tragen Immobilienbesitzer, private Akteure und Einzelhändler einen erheblichen Teil zu dieser Verantwortung bei (Schote, 2020, S. 148). Sie sind hierbei Initiator dieses *Governance*-Ansatzes und setzten sich durch entsprechende Maßnahmen für ihr Quartier ein. Wie in den Erläuterungen der *Urban Governance* deutlich wird, besteht der Vorteil von BIDs auch darin, dass eine Kommunikation auf Augenhöhe zwischen der Privatwirtschaft und der öffentlichen Hand stattfindet. Die Akteure werden aktiv in die Gestaltung einbezogen (Prey & Vollmer, 2009, S. 229–230).

Merkmale wie die Zusammensetzung von Investitionsgeldern und die Art und Weise der Beteiligung von Immobilieneigentümer unterscheiden BIDs von

herkömmlichen Entwicklungsmaßnahmen (Vollmer, 2015, S. 98). In Sanierungs-
gebieten beispielsweise hat der „Eigentümer eines im förmlich festgelegten
Sanierungsgebiet gelegenen Grundstücks […] zur Finanzierung der Sanierung an
die Gemeinde einen Ausgleichsbetrag in Geld zu entrichten, der der durch die Sanierung bedingten Erhöhung des Bodenwerts seines Grundstücks entspricht"
(§ 154 BauGB). Innerhalb von BIDs, welche sich zudem auf den innerstädtischen
Bereich beziehen, werden die privaten Eigentümer nicht nur mithilfe von Aus-
gleichsbeträgen am Ende der durchgeführten Maßnahmen beteiligt. Schon zu Beginn der Initiative sind die Akteure verpflichtet, eine entsprechende finanzielle Abgabe zu leisten. Mit dieser werden Revitalisierungen und Sanierungen vollumfänglich finanziert (Kreutz & Krüger, 2008, S. 258–259); § 9 GSPI).

Auch in Bezug auf die kooperative Zusammenarbeit innerhalb von Eigentümerstandortgemeinschaften (ESG) gibt es Unterschiede zu dem Instrument
der BIDs. Aus definitorischer Sicht versteht man unter ESG „einen freiwilligen
Zusammenschluss von Eigentümern benachbarter Immobilien mit dem Ziel, durch
gemeinsame Aktivitäten oder Maßnahmen die Verwertungschancen ihrer Objekte
zu verbessern" (BMVBS, 2011, S. 6). Die Finanzierung der Maßnahmen findet
beispielsweise mithilfe der Städtebauförderung und privaten Abgaben statt
(BMVBS, 2011, S. 30–31). Während in ESGs eine informelle Kooperation stattfindet, sind BIDs formal gesetzlich geregelt. Der Formalisierungsgrad und die Art
der Finanzierung stellen dabei den entscheidenden Unterschied zwischen den beiden Instrumenten dar. Die Formalisierung von BIDs hat dabei folgenden Vorteil:
Durch diese formalisierte Kooperation kann der Gefahr von Trittbrettfahrern ent-
gegengewirkt werden. Trittbrettfahrer sind in der Regel private Akteure, die sich
nicht an freiwilligen Initiativen beteiligen, aber dennoch von deren Vorteilen profi-
tieren (Vollmer, 2015, S. 98 ff.). Die Ursache für diesen Vorteil wird im Zusammenhang der gesetzlichen Grundlagen ersichtlich.

Einer der wesentlichen Akteure bei der Einführung der BIDs in Deutschland
war die Hamburger Handelskammer (Prey & Vollmer, 2009, S. 230). Unter einem
BID versteht sie einen „… räumlich klar umrissene[n] Bereich, in dem die Grundeigentümer zum eigenen Vorteil versuchen, die Standortqualität zu verbessern. Sie
verständigen sich hierzu mit der Stadt und den Gewerbetreibenden auf Maßnahmen, die aus einer selbst auferlegten und zeitlich befristet erhobenen Abgabe
finanziert werden" (Handelskammer Hamburg, 2024a, o. S.). Diese Definition
knüpft dabei an dem Verständnis eines *Improvement Districts* von Kreutz und Krüger (2008, S. 254) an, welche darin „ein Instrument zur Förderung der privaten Initiative [sehen], um städtebauliche und weitere Maßnahmen zur Qualitätsverbesserung eines begrenzten Gebietes zu organisieren, zu koordinieren und vor allem
durch alle begünstigten Eigentümer zu finanzieren" (Kreutz & Krüger, 2008,
S. 254). Der Einsatz von BIDs ermöglicht die Transformation des Staates von einer

Wohlfahrtsinstitution zu einem kooperativen aktivierenden Akteur. Diese Form der *Urban Governance* dient folglich auch als Entlastung für den Staat. Es ist darauf zu achten, dass die politischen Institutionen die Verantwortung nicht vollumfänglich an die Privatwirtschaft abgeben (Prey & Vollmer, 2009, S. 230).

2.3.2.2 Gesetzliche Grundlagen

BID-Gesetzte stellen ein formales Kriterium dar, das den Handlungsspielraum sowohl privater als auch weiterer Akteure definiert. Sie legen die rechtlichen Vorgaben für die Einrichtung eines BIDs fest und bestimmen, welche Akteure in den Entscheidungsprozessen beteiligt werden müssen (Schote, 2020, S. 148). Die Einrichtung von BIDs ist nur in den Ländern und Städten möglich, in denen dies durch entsprechende BID-Gesetzte geregelt ist. Die erste gesetzliche Grundlage in Deutschland wurde in Hamburg mit dem Gesetz zur Stärkung der Einzelhandels- und Dienstleistungszentren (GSED) im Jahr 2005 eingerichtet (Schote, 2020, S. 148; Baukultur NRW, 2019, o. S.). Weitere Landesgesetzte bauen auf diesem Gesetz auf (Fuchs, 2017, S. 238). Aus diesem Grund orientieren sich die nachfolgenden Darstellungen zu den gesetzlichen Grundlagen in dieser Arbeit am Hamburger BID-Gesetz.

Eine erste Grundlage für die Einführung eines BIDs stellt der formal festgelegte Abstimmungs- und Entscheidungsprozess dar (Fuchs, 2017, S. 238). Im Rahmen dieses Verfahrens wird ein Unternehmen oder ein Verein ausgewählt, der als verantwortlicher Aufgabenträger des BIDs fungiert. Die teilnehmenden Immobilienbesitzer und Gewerbetreibenden einigen sich auf Verbesserungsmaßnahmen, die während der Laufzeit des BIDs umgesetzt werden sollen. Die in einem Maßnahmen- und Finanzierungskonzept zusammengetragenen Punkte werden der Stadt in Form eines BID-Antrags vorgelegt (Schote, 2020, S. 148). Neben dem Konzeptentwurf muss ein solcher Antrag auch eine Darstellung der Gebietsabgrenzung und eine Auflistung der betroffenen Grundstücke beinhalten (§ 5 (3) GSPI). Für das rechtmäßige Einreichen des Antrags ist die Zustimmung von mindestens einem Drittel der Abgabepflichtigen nötig (§ 5 (1) GSPI).

Nachdem die Stadt diesen BID-Antrag geprüft hat, wird dieser öffentlich ausgelegt. In einem weiteren demokratischen Abstimmungsprozess können die betroffenen Eigentümer erneut über die Maßnahmen bzw. den BID-Antrag abstimmen und ein Zustandekommen besiegeln oder verhindern (Fuchs, 2017, S. 238). Stimmen innerhalb dieser zweiten Abstimmung weniger als ein Drittel der Akteure gegen den ausgelegten Antrag, so kann das BID erfolgreich zustande kommen (§ 5 Absatz 8 GSPI). Gesetzliche Regelungen in den USA schreiben zudem vor, dass neben den Grundeigentümern auch Non-Profit-Organisationen und eine bestimmte Anzahl an Vertretern der Stadt und Bürgern im Abstimmungsprozess beteiligt werden müssen (Prey & Vollmer, 2009, S. 239). Der genehmigte BID-Antrag resultiert in einem öffentlich-rechtlichen Vertrag zwischen dem Auftraggeber und der Stadt (Hansestadt Hamburg; Handelskammer Hamburg, 2016, S. 12). Üblich ist dabei eine Laufzeit des BIDs von ca. drei bis fünf Jahren (IHK Koblenz, 2024, o. S.).

Nach dem Abschluss der Vertragvereinbahrungen, werden die finanziellen Abgaben der privaten Akteure eingesammelt. Damit werden die beschlossenen Maßnahmen innerhalb der festgelegten Laufzeit finanziert und umgesetzt (Schote, 2020, S. 150). Gemäß dem Hamburger BID-Gesetzt berechnet sich die Höhe dieser Abgabe „als Produkt aus der modifizierten Fläche des betreffenden Grundstücks oder Grundstücksteils und dem Abgabensatz" (§ 9 (4) GSPI). Das Gesetzt zur Stärkung von Standorten durch private Initiativen (GSPI), eine Neuauflage des ursprünglichen Hamburger BID-Gesetztes, schreibt vor, dass die Maßnahmenumsetzung durch eine Lenkungsgruppe überwacht werden muss. Teil dieser Institution ist z. B. die jeweilige Handelskammer (§ 8 (1) GSPI). In Deutschland sind es seit 2005 elf der sechszehn Bundesländer, welche eine rechliche Grundlage für BIDs geschaffen haben. Eine Übersicht kann man der Abb. 2.3 entnehmen (Handelskammer Hamburg, 2024a, o. S.).

Bundesland	Gesetz	Inkrafttreten	Anwendungsgebiet
Baden-Württemberg	Gesetz zur Stärkung der Quartiersentwicklung durch Privatinitiative (GQP)	1. Januar 2015	Einzelhandels- und Dienstleistungszentren außerhalb klassischer Einkaufszentren
Berlin	Einzelhandels- und Dienstleistungszentren außerhalb klassischer Einkaufszentren	6. November 2014	Einzelhandels-, Dienstleistungs- und Gewerbezentren
Bremen	Bremisches Gesetz zur Stärkung der Einzelhandels- und Dienstleistungszentren	28. Juli 2006	Gewachsene urbane Einzelhandels- und Dienstleistungszentren
Hamburg	Gesetz zur Stärkung der Einzelhandels-, Dienstleistungs- und Gewerbezentren (GSED)	1. Juli 2005	Einzelhandels-, Dienstleistungs- und Gewerbezentren
	Gesetz zur Stärkung von Standorten durch private Initiativen (GSPI)	1. April 2022	
Hessen	Gesetz zur Stärkung von innerstädtischen Geschäftsquartieren (INGE)	1. Januar 2006	Gesetz zur Stärkung von innerstädtischen Geschäftsquartieren (INGE)
Niedersachsen	Niedersächsisches Quartiersgesetz (NQG)	28. April 2021	Innenstädte und Ortskern
Nordrhein-Westfalen	Gesetz über Immobilien- und Standortgemeinschaften	21. Juni 2008	Innenstädte, Stadtteilzentren, Wohnquartiere und Gewerbezentren sowie von sonstigen für die städtebauliche Entwicklung bedeutsamen Bereichen
Rheinland-Pfalz	Gesetz über lokale Entwicklungs- und Aufwertungsprojekte (LEAP)	19. August 2015	Gewachsene Einzelhandels-, Dienstleistungs- und Gewerbezentren in Innenstädten und Stadtteilen
Saarland	Gesetz zur Schaffung von Bündnissen für Investition und Dienstleistung	7. Dezember 2007	Innenstädte, Stadtteil- und Gemeindezentren
	Gesetz zur Schaffung von Bündnissen für Investition und Dienstleistungen	18. Januar 2017	
Sachsen	Sächsisches Gesetz zur Belebung innerstädtischer Einzelhandels- und Dienstleistungszentren	12. August 2012	Integrierte, urbane Einzelhandels- und Dienstleistungszentren
Schleswig-Holstein	Gesetz über die Einrichtung von Partnerschaften zur Attraktivierung von City-, Dienstleistungs- und Tourismusbereichen (PACT-Gesetz)	27. Juli 2006	Gewachsene, städtebaulich integrierte City-, Dienstleistungs- und Tourismusbereiche

Abb. 2.3 Überblick der BID-Gesetze in deutschen Ländern

Zusammenfassend versteht man unter BIDs formal festgelegte, meist innerstädtische Bereiche, welche durch ein entsprechendes Gesetzt legalisiert sind. Sie werden durch privates Kapital finanziert und setzten Maßnahmen zur Aufwertung des Quartiers um, welche die öffentlichen Stadtentwicklungspläne ergänzen. BIDs sind auf eine bestimmte Laufzeit beschränkt und während dieser Zeit rechenschaftspflichtig. Die Basis ist ein Bottom-up-Prozess, welcher von der Privatwirtschaft initiiert wird (Vollmer, 2015, S. 99).

Als erstes deutsches BID hat sich der „Neue Wall" in Hamburg gebildet (Behörde für Stadtentwicklung und Wohnen, 2024, o. S.). Er zählt zu den bekanntesten BIDs in Deutschland und dient als Modell für weitere Gründungen (Schote, 2020, S. 153). Im Diskussionsteil dieser Arbeit wird unter anderem genauer auf dieses Beispiel eingegagen und ein Praxisbezug zu behandelten Aussagen hergestellt.

Methodik

3

Dieses Kapitel erläutert die methodische Herangehensweise der Arbeit. Im ersten Abschnitt liegt der Fokus auf der Auseinandersetzung mit der relevanten Literatur, welche gleichzeitig die Grundlage für das Erstellen des Theorieteils darstellte. Das Vorgehen bei der Recherche und Literaturauswahl nach spezifischen Ein- und Ausschlusskriterien ist ein zentrales Thema.

Die Art und Weise der Bearbeitung des Untersuchungsgegenstands (siehe Abschn. 1.2) ist Inhalt des zweiten Abschnitts. Hierbei wird die Forschungsmethode, deren Aufbau, Durchführung und Auswertung dargestellt. Die Untersuchung legt den Fokus auf die Quartierssanierung im Kontext der urbanen Resilienz. Es wird aufgezeigt, in welcher Konstellation und unter welchen Bedingungen *Business Improvement Districts* als ein Beteiligungsinstrument der Quartiersentwicklung für die Stärkung der urbanen Resilienz eingesetzt werden können. Der innerstädtische Wandel und die damit verbundenen Herausforderungen nach Krisensituationen, wie der Corona-Pandemie, stellen einen Schwerpunkt dar. Weitere Untersuchungsbereiche umfassen die urbane Resilienz als ein Konzept der zukünftigen Stadtentwicklung sowie die *Business Improvement Districs* als potenzielles Instrument der Quartiersentwicklung.

Aktuelle Studien, Forschungsbeiträge und entsprechende Fachliteratur dienten als Grundlage für die Auseinandersetzung mit dem Untersuchungsgegenstand. Innerhalb dieser Recherche stellte die Online-Bibliothek des Springerverlages (Springer Link) eine wichtige Datenbank dar. Die Auswahl konzentrierte sich vorzugsweise auf deutschsprachige Literatur mit einem Schwerpunkt auf Deutschland und Europa. In einzelnen Fällen, wie der Veröffentlichung von Fariniuk, Hojda und Samão (2022) oder der Publikation der *Rockefeller Foundation* (2014), wurde auch internationale Literatur in die Recherche einbezogen. Datenbanken von

B. Willi et al., *Quartierssanierung im Kontext urbaner Resilienz*, Studien zum nachhaltigen Bauen und Wirtschaften, https://doi.org/10.1007/978-3-658-47066-1_3

Bundes- oder Forschungsinstituten sowie Ausschüssen der Immobilienwirtschaft stellten eine weitere theoretische Grundlage für die Untersuchung dar. Ein erheblicher Teil dieser Publikationen ließ sich durch die Nutzung des wissenschaftlichen Portals *Google Scholar* identifizieren. Suchkriterien für die Literaturrecherche waren unter anderem folgende Begriffe: *Innenstadtentwicklung, Innerstädtische Herausforderungen, Quartierssanierung, Urbane Resilienz, Resiliente Städte, Business Improvement Districts* oder *Urbane Governance*.

Die Literatur sollte dabei im Schnitt nicht älter als zehn Jahre sein. Das Kriterium der Aktualität war gerade im Kontext des innerstädtischen Wandels (siehe Abschn. 2.1) von zentraler Bedeutung und diente als maßgebliches Ein- und Ausschlusskriterium. Zur Darstellung des Forschungsstandes bezüglich der urbanen Resilienz (siehe Abschn. 2.2.2) flossen auch älterer Literaturquellen ein. Das ermöglichte eine umfangreiche Darstellung des Forschungsverlaufs. Innerhalb der Recherche zu BIDs war es mangels aktueller Literatur nötig ebenso auf Veröffentlichungen aus dem Jahr 2009 zurückzugreifen. Weil es sich bei dieser Fachliteratur um definitorische Formulierungen handelt, stellt dies für den Abschn. 2.3.2 keinen Nachteil dar. Ein Beispiel dafür ist der theoretische Zugang zur *Governance der Quartiersentwicklung* von Drilling und Schnur (2009).

Im Allgemeinen wurde auf die Nutzung von Internetquellen verzichtet. Allerdings sind die Handelskammern insbesondere im Bereich der BIDs wichtige Protagonisten und stellen auf Ihren Webseiten entsprechendes Informationsmaterial zur Verfügung. Daher erfolgte für die Darstellung bestimmter Aspekte ein Verweis auf die offiziellen Webseiten dieser Institutionen.

Ein weiteres Instrument zur Erhebung von theoretischen Daten stellte das Schneeballsystem dar. Ein exemplarisches Beispiel hierfür ist die Veröffentlichung von Kabisch, Rink und Benzhaf (2024). Die Aktualität und Vielfalt der in dieser Publikation behandelten Themen zur resilienten Stadt bieten eine solide Grundlage für die Anwendung des Schneeballsystems. Dadurch war es möglich, zusätzliche Literatur zu identifizieren. Es handelt sich bei der vorliegenden Untersuchung um eine empirische Arbeit. Allein der Theorieteil inklusive des aktuellen Forschungsstandes wurde rein literaturbasiert bearbeitet. In der folgenden Darstellung liegt somit der Fokus auf der angewandten Methode für die Bearbeitung der Forschungsfrage.

Der Zusammenhang zwischen BIDs und dem Resilienz-Ansatz wurde in dieser Form bisher nicht untersucht. Entsprechende Literatur konnte nicht identifiziert werden. Diese Ausgangslage führte zu der Entscheidung eine qualitative Forschung mithilfe einer empirischen Bearbeitungsmethode durchzuführen. Die Datenerhebung wurde mittels strukturierter Interviews durchgeführt. Ziel war es, inhaltlich repräsentative Ergebnisse in Bezug auf den Beitrag von BIDs zur resi-

lienten Stadtentwicklung gewinnen zu können. Durch den Einsatz von Experteninterviews konnten dabei vielfältige und qualitativ hochwertige Perspektiven auf
den Forschungsgegenstand gewonnen werden. Der Zeitraum der Datenerhebung
beschränkte sich auf den 5. bis 18. Juni 2024. Für ein flexibles Zeitmanagement
haben die Interviews online stattgefunden. Ein qualitativer Stichprobenplan nach
dem Top-down-Prinzip half bei der strukturierten Auswahl der Probanden. Diese
erfolgte nach den folgenden Kriterien:

Das Thema dieser Arbeit ist die Quartierssanierung im Kontext der urbanen
Resilienz. Wesentliche Teilgebiete umfassen dabei die Stadtentwicklung, die
Quartiersentwicklung und die Immobilienwirtschaft. In diesen Bereichen agieren
verschiedene Akteure (siehe Abschn. 2.3.1). Eine heterogene Stichproben-
zusammensetzung sollte möglichst verschiedene Perspektiven auf die Forschungsfrage ermöglichen. Die Fallauswahl der Interviewpartner setzte sich somit aus Experten der öffentlichen Stadtplanung, der Immobilienwirtschaft und zusätzlich aus
dem Bereich der Stadt- und Quartiersforschung zusammen. Eine Herausforderung
stellte die Rekrutierung der Probanden dar. Das Instrument der BIDs ist in Deutschland bisher nicht weit verbreitet (siehe Abschn. 2.3.2). Es konnte nur schwer eine
verhältnismäßig hohe Stichprobenanzahl erreicht werden. In Summe haben sich
für die Datenerhebung acht Vertreter aus den genannten Berufsfeldern zur Verfügung gestellt. Das Exposé dieser Arbeit diente als Information für die eingeladenen
Experten, um sich mit dem Untersuchungsgegenstand vertraut zu machen. Dieses
Dokument ist der Arbeit nicht direkt angehängt, da es inhaltlich mit der Problemstellung (siehe Abschn. 1.1) vergleichbar ist.

Alle Probanden leisten durch ihre berufliche Tätigkeit einen Beitrag zur Stadt-,
Quartiers- oder Raumentwicklung (siehe Anhang B). Ein direkter Bezug der Experten zum Untersuchungsgegenstand wurde durch dieses Ausschlusskriterium
sichergestellt, wodurch praxisbezogene Beispiele gewonnen werden konnten. Der
strukturierte Interviewleitfaden in Kombination mit den Expertenaussagen bildete
eine wichtige Grundlage, um die Fragestellung im Hinblick auf das spezifische
Instrument zu diskutieren.

Der Aufbau dieses Leitfadens (siehe Anhang A) orientierte sich an einem normalen
Erzählfluss. Grundlegende Verständnisfragen zur urbanen Resilienz und dem Instrument der BIDs bildeten eine gemeinsame Wissensbasis, während sich die Hierarchie
der weiteren Fragen deduktiv aufbaute. Der Interviewleitfaden unterteilte sich in übergeordnete Fragekategorien. Diese Themenblöcke repräsentieren wesentliche Dimensionen einer resiliente Stadtentwicklung (siehe Abschn. 2.2.3 und 2.2.4). Die Fähigkeit der Wiederherstellung und Weiterentwicklung von städtischen Grundfunktionen
charakterisierte dabei die erste Kategorie (BBSR, 2018, S. 16). Des Weiteren stellte
das strategische Management bzw. die öffentliche und private Kooperation einen

zweiten übergeordneten Themenbereich dar (The Rockefeller Foundation, 2014, S. 13). Die dritte Kategorie wurde durch das Quartier als Basissystem einer resilienten Stadtentwicklung charakterisiert (Kabisch, Rink, & Banzhaf, 2024, S. 74).

Die Aspekte der Infrastruktur und Dienstleistung, die eine wesentliche Handlungsdimension innerhalb der resilienten Stadtentwicklung bilden und derzeit vom Diskurs über die 15-Minuten-Stadt geprägt sind, definieren den vierte Fragenblock (BMI, 2021b, S. 84). Die fünfte Kategorie umfasste die Dimension des Wohlbefindens. Laut der *Rockefeller Foundation* (2014, S. 10) stellt diese einen weiteren wichtigen Bereich innerhalb der resilienten Stadtentwicklung dar.

Mithilfe von offenen Fragen wurden die jeweiligen Kategorien eingeleitet, während Erklärungsbausteine zusätzlich den nötigen Kontext herstellten. So konnte das Teilen von vielen Inhalten und Meinungen angeregt werden. Konkretere Aussagen und ein Bezug zur Praxis wurden durch das Stellen von Vertiefungsfragen gewonnen. Ein Beispiel dieses Vorgehens ist das Folgende: Aus dem theoretischen Hintergrund (siehe Abschn. 2.2.3) leitet sich die Dimension des Wohlbefindens und der Sicherheit ab, die eine wesentliche Grundlage für das Entwickeln der urbanen Resilienz bildet. Dabei stellte sich die Frage, welche Merkmale eine Innenstadt aufweisen sollte, um das Wohlbefinden und ein Sicherheitsgefühl der Bewohner zu gewährleisten. Darüber hinaus ergab sich die Fragestellung, welchen Handlungsbedarf es in deutschen Städten gibt. Abschließend sollte eine Einschätzung darüber erfolgen, welchen Beitrag innerstädtische Akteure, wie beispielsweise Immobilieneigentümer, in diesem Kontext leisten können. So war es möglich auch einen Bezug zum Instrument der BIDs herzustellen. Zu Ende des Interviews bestand die Möglichkeit, noch nicht angesprochene Themen zu diskutieren.

Die erhobenen Daten konnten mithilfe von Zoom aufgenommen werden. Die Einwilligung für diese Aufnahme tätigten die Experten jeweils innerhalb einer Abfrage während der Interviews. Sie ist den Interview-Transkripten (siehe Anhang B) zu entnehmen. Für die Auswertung und Ergebnisdarstellung mussten die Audiodateien in Transkripte umgeschrieben werden. Zur Anwendung kam dabei die vereinfachte Transkription. Die Übersetzung erfolgte wörtlich, aber nicht lautsprachlich. In das Hochdeutsche übersetzte Formulierungen ersetzten dabei vorhandene, für die Allgemeinheit unverständliche Dialekte. Satzbrüche oder Dopplungen wurden ausgelassen und in ganze, nachvollziehbare Sätze umformuliert. Der Inhalt hat sich dabei in keiner Weise verändert. Die im Anhang B befindlichen Transkripte konnten durch diese Vorgehensweise für den Leser verständlich formuliert werden. Sie bildeten gleichzeitig auch die Grundlage für die Ergebnisdarstellung und die Auswertung der Datenerhebung. Mithilfe der Abkürzungen E1, E2 usw. wurde dabei auf die jeweiligen transkribierten Interviews verwiesen. Eine detaillierte Darstellung ist in Anhang B zu finden.

In der Forschung gibt es verschiedene Ansätze, um die gewonnenen Erkenntnisse systematisch auszuwerten. Einer dieser Ansätze ist die qualitative Inhaltsanalyse von Mayring (2022). Diese Vorgehensweise fand in der vorliegenden Forschungsarbeit Anwendung bei der Analyse des kommunikativen Materials. Ähnlich wie bei der Erstellung des Interviewleitfadens, wurde zu Beginn der Kategorisierung ein System mit verschiedenen Themenbereichen gebildet.

Auch in diesem Fall basierte die Vorgehensweise auf der Deduktion, wobei die Bildung der Kategorien sich erneut an der im Theorieteil verwendeten Literatur orientierte. Zentral für diese theoretische Herleitung waren unter anderem der „Stresstest Stadt" des BBSR (2018) und die formulierten Rahmenbedingungen für urbane Resilienz der *Rockefeller Foundation* (2014). Auch die Veröffentlichung von Fariniuk, Hojda und Simão (2022) und das Forschungsgutachten „Resiliente Stadt – Zukunftsstadt" des Wuppertal Institutes, welches durch die Zusammenarbeit von Fekkak et al. (2016) erarbeitet wurde, waren von Bedeutung.

Für eine konkrete Darstellung der Ergebnisse mussten die Kategorien für die Auswertung gegenüber den Fragekategorien im Nachhinein präzisiert werden. Die Kategorisierung orientierte sich an den Merkmalen, die erforderlich sind, um urbane Systeme als grundlegend resilient zu klassifizieren (siehe Abschn. 2.2.3). Es handelt sich dabei um die Flexibilität, Diversität, Innovationsfähigkeit, Erholungsfähigkeit und Umsetzungsfähigkeit. Diese bündeln die im folgenden Kapitel dargestellten Ergebnisse thematisch in Bezug auf die urbane Resilienz. Durch diese Kategorisierung der Ergebnisse wurde eine systematische und für den Leser nachvollziehbare Auswertung der Interviewpassagen ermöglicht. Die genaue Bedeutung der Merkmale wird in diesem Abschnitt nicht weiter erläutert, da diese bereits im Theorieteil dargelegt wurde (siehe Abschn. 2.2.3). Diese detaillierte Darstellung der einzelnen Arbeitsschritte gewährleistet die Transparenz der Untersuchung. In der Diskussion wird die Fragestellung unter Berücksichtigung der subjektiven Ergebnisse aus den Interviews im Kontext der bestehenden Literatur diskutiert und kritisch reflektiert. Diese Vorgehensweise ermöglicht es, von einer intersubjektiven Forschung zu sprechen. Eine erneute Befragung der Experten im gleichen Setting zum vorliegenden Thema würde zu ähnlichen Ergebnissen führen.

Ergebnisse

4

Im Folgenden werden die gewonnenen Ergebnisse der durchgeführten Experten-interviews dargestellt. Die im Methodenteil beschriebene Einteilung in die ent-sprechenden Kategorien bildete die Grundlage für Darstellung und Auswertung der Ergebnisse. In den Interviews legten die Experten ihr Verständnis der urbanen Resilienz und der BIDs dar. Ein zentraler Aspekt war die Einschätzung zur öffentlich-privaten Zusammenarbeit im urbanen Kontext sowie speziell im Hin-blick auf das Instrument der BIDs. Darüber hinaus wurden konkrete Handlungs-ansätze zur resilienten und zukunftsorientierten Innenstadtentwicklung als wesent-liche Schwerpunkte behandelt.

4.1 Urbane Resilienz und BIDs aus Sicht der Experten

„Wenn man mal nachfragt, was ist denn die Definition davon, bekommt man genauso viele Antworten, wie sich Personen im Raum befinden". Das war der erste Gedanke von E4 zur urbanen Resilienz. E5 assoziierte damit die Robustheit und Widerstandsfähigkeit von urbanen Strukturen. Eine Stadt kann als resilient betrach-tet werden, wenn sie auftretende Störfaktoren überwindet und sich darauf auf-bauend weiterentwickeln kann, wie E5 erläuterte. E4 wiederum bezeichnete resi-liente Strukturen als Systeme, die in der Lage sind, sich möglichst flexibel und mit geringem Mittelaufwand an sich verändernde interne und externe Faktoren anzu-passen. In Bezug auf die Immobilienwirtschaft, die von E2 als einen wesentlichen Akteur in der resilienten Stadtentwicklung hervorgehoben wurde, sind folgende Einflüsse genannt worden. Zu den externen Faktoren zählte E4 die Zinsentwicklung und Pandemien, wie die Corona-Krise oder den demografischen Wandel. Die starke Fragmentierung, die hohe Komplexität, der niedrige Digitalisierungsgrad und Innovationsdrang sowie die hohe Regulatorik stellten laut E4 die internen Faktoren dar. Zusammenfassend sprach E7 von der Reaktionsfähigkeit von Städten und dem Umgang mit den Konsequenzen.

E5 betonte des Weiteren, dass es nicht nur darum geht, den Ausgangszustand wiederherzustellen. Es ginge um den Lernprozess, welcher im besten Fall aus Krisensituationen resultiert. Nur mit einer solchen Fähigkeit könne sich eine Stadt weiterentwickeln. Es handelt sich laut E5 um ein „limitiertes Resilienz-Verständnis", wenn sich lediglich auf den ersten Aspekt bezogen wird. Für eine klare Definition bemerkte E5 weiter, dass Klarheit darüber erforderlich ist, gegen wen oder was eine Stadt resilient sein soll. Zum einen erwähnte E1 die Klimaanpassung und das Kleinklima als wesentliches Thema für die resiliente Stadtentwicklung. Es wurde von E6 festgestellt, dass man einen urbanen Raum nur mithilfe einer „Prävention gegen Klimakatastrophen" als resilient bezeichnen kann.

Als Voraussetzung gelte zum anderen die dichte Nutzungsmischung, um urbane und resiliente Städte entwickeln zu können. Ein monofunktionaler innerstädtischer Bereich wurde von E2 und E8 als nicht resilient bezeichnet. Auch E6 stellte fest, dass die Resilienz eines urbanen Raums mit der Diversität zunimmt.

Neben der Einstiegsfrage zur urbanen Resilienz war ebenso die Verständnisfrage zum Instrument der BIDs ein Bestandteil der Interviews. Dies schuf eine wesentliche Diskussionsgrundlage für den weiteren Verlauf der Expertengespräche. Es handelt sich um begrenzte Stadtbereiche, die vorwiegend in der Innenstadt zu finden sind und eine Vereinigung von Grundeigentümern darstellen. Mit dieser Definition spiegelte E6 das allgemeine Verständnis der befragten Experten wider.

E2 betonte zudem, dass privatwirtschaftliche Akteure sich zusammenschließen sollten, um in Kooperation mit der öffentlichen Hand die Rahmenbedingungen in der Innenstadt zu verbessern. E7 sprach dabei von einer Aufwertung des öffentlichen Raums. In BIDs werden laut E6 vorwiegend Maßnahmen umgesetzt, die von der öffentlichen Hand nicht unbedingt realisiert werden oder realisiert werden können. E6 bezeichnet diese als „On-top-Maßnahmen", die innerhalb einer festgelegten Frist von fünf bis acht Jahren realisiert werden. In den Pflichtabgaben sah E7 einen Vorteil in Bezug auf eine kurzfristige und effiziente Kapitalbeschaffung. E6 betonte zudem, dass es sich um ein Instrument zur Umsetzung von Maßnahmen im gesamtstädtischen Interesse handelt. Jedoch sei es nicht möglich, Maßnahmen zur Lösung gesamtstädtischer Aufgaben umzusetzen, so E6.

4.2   Umsetzungsfähigkeit in der strategischen Zusammenarbeit

Für BIDs ist die Zusammenarbeit zwischen der öffentlichen Hand und der Privatwirtschaft ein zentrales Merkmal. Auch für die Resilienz spielt eine effiziente Zusammenarbeit eine wichtige Rolle. So wurde es im Rahmen der Kategorieneinteilung erläutert (siehe Kap. 3). Welche Verantwortungen, Voraussetzungen, Herausforderungen und Potenziale haben die Experten in dieser Zusammenarbeit gesehen? Die folgenden Ergebnisse bilden eine weitere Grundlage für die Diskussion.

Auf die Frage nach den Verantwortungsbereichen innerhalb der strategischen Zusammenarbeit kam E2 zu folgendem Ergebnis: E2 wählte die öffentliche Hand als den verantwortlichen Akteur, nachdem darum gebeten wurde, sich auf einen Verantwortlichen zu beschränken. Sie übernehme die wichtige Aufgabe, alle relevanten Akteure durch ihre *Governance*-Funktion zu vereinen. E4 teilte die Auffassung, dass tendenziell die öffentliche Hand, insbesondere Verwaltung und Politik, in die Hauptverantwortung genommen wird. Die Privatwirtschaft sowie und die Zivilgesellschaft müssten jedoch als ebenso wichtige Akteure betrachtet werden. E4, E6 und E7 waren sich einig, dass bei einer solchen gesellschaftlichen Aufgabe nicht nur ein Hauptverantwortlicher fokussiert werden sollte. Neben dem Zusammenspiel von öffentlicher Hand und Privatwirtschaft wurden auch Gewerbetreibende und Interessengemeinschaften als weitere wesentliche Akteure betrachtet. E6 vertrat zudem die Auffassung, dass ohne dieses Zusammenspiel eine Innenstadt nicht funktionieren könne.

4.2.1   Verantwortungsbereiche der öffentlichen Hand

Der öffentlichen Hand bzw. den gewählten Volksvertretern obliege die Aufgabe, allgemeingültige Regeln aufzustellen. Diese müssen jedoch laut E4 von den Kommunen überwacht und bei Nichteinhaltung sanktioniert werden. Als Beispiele wurden die Baurechtsschaffung und das Schaffen einer landesgesetzlichen Grundlage für BIDs genannt. E6 betonte, dass noch nicht alle Bundesländer in Deutschland diese Grundlage bzw. die Rahmenbedingungen für die Umsetzung von BIDs geschaffen haben. E6 forderte die Länder auf, sich ein Beispiel an Hamburg zu nehmen, da dieses Gesetz dort erfolgreich integriert sei. E8 vertrat ebenfalls die Ansicht, dass sich die Kommunen für eine „wirtschaftliche […] Liberalität" auf Impulse und die Bereitstellung von Rahmenbedingungen konzentrieren sollten.

Für die Umsetzung von Maßnahmen, auch in Bezug auf die urbane Resilienz, müsste sich die öffentliche Hand laut E1 ein Stück weit zurücknehmen und den verschiedenen Akteuren etwas mehr Freiheit gewähren. E4 fügte hinzu, dass so alle Akteure auf Augenhöhe zusammenarbeiten könnten, die in einem Quartier oder abgegrenzten Bereich miteinander leben und investieren. Gerade im Baurecht wurde von E7 ein Problem gesehen. Solle eine Nutzungsmischung in der Innenstadt integriert werden, dann müsse vorerst die Gesetzgebung abgeändert werden. Nur so könne der Privatwirtschaft ermöglicht werden, nachzuverdichten und bestimmte Maßnahmen in Bezug auf das Überleben der Innenstädte umzusetzen.

4.2.2 Verantwortungsbereiche der Privatwirtschaft

„Eigentum verpflichtet". Mit diesem Statement betonte E1 die grundlegende Verantwortung, die Immobilieneigentümer auch im Kontext einer resilienten Stadtentwicklung zu tragen haben. E6 vertrat die Ansicht, dass die Verantwortung zunächst bei der Immobilie selbst liege. Das primäre Ziel sei eine Wertsteigerung, wobei eine Korrelation zwischen der Immobilienverantwortung und der Verantwortung für ein ausgeprägtes Stadtbild bestehe. E6 sprach von „On-top-Maßnahmen", die die Grundverantwortung der Kommunen im öffentlichen Raum unterstützen. Laut E6 umfasst der erläuterte Verantwortungsbereich auch die „Gestaltung der Nebenflächen" sowie das „Schaffen von Besucheranlässen". E5 teilte die Ansicht, dass die Immobilieneigentümer dieser gesellschaftlichen Aufgabe in der Innenstadt nicht ausreichend gerecht werden, und forderte von den größeren institutionellen Eigentümern ein wesentlich höheres Engagement. Auch nach Aussage von E2 sollten sich die Grundeigentümer verstärkt an der öffentlichen Stadtplanung und an Diskussionsrunden beteiligen. Aus Sicht von E7 ist ein stärkeres Bewusstsein der Eigentümer für ihre soziale Verantwortung zu entwickeln. Es müsse erkannte werden, dass die zuvor genannten Maßnahmen auch zu einer gewissen Wertsteigerung der Immobilien beitragen können.

Im Hinblick auf die strategische Zusammenarbeit waren sich alle Experten einig, dass die öffentliche Hand und die Immobilieneigentümer nicht die einzigen Stakeholder der Stadtentwicklung oder der Quartierssanierung darstellen. Die Integration zusätzlicher Akteure wurde in den Gesprächen als zwingend erforderlich angesehen. In diesem Zusammenhang betonte E5 die Bedeutung, dass auch zivilgesellschaftliche Gruppierungen wie Interessensgemeinschaften stimmberechtigt

in die Abstimmungsprozesse der BIDs eingebunden werden müssen. Diese Notwendigkeit wurde von E5 insbesondere bei Maßnahmen hervorgehoben, die die
Kernfunktionen der Innenstadt beeinflussen.

4.2.3   Herausforderungen innerhalb der strategischen Zusammenarbeit

Wenn innerhalb einer resilienten Innenstadtentwicklung verschiedene Akteure aufeinandertreffen, können sich Herausforderungen ergeben, die eine effiziente und
zielgerichtete Zusammenarbeit negativ beeinflussen. Diese Fragestellung zielte darauf ab, bei den Experten spezifische Problembereiche der urbanen Zusammenarbeit zu identifizieren.

Die öffentliche Hand ist grundlegend dem Gemeinwohl verpflichtet und die Immobilieneigentümer der eigenen Wirtschaftlichkeit. Diese Kontroverse beschrieb
E2 als eine der grundlegenden Herausforderungen innerhalb der strategischen Zusammenarbeit, da diese Verpflichtungen schwer miteinander zu vereinen seien. Es
sollte laut E2 ein gemeinwohlorientierter Kompromiss im Sinne des Werterhalts
und der Wirtschaftlichkeit gefunden werden. E7 charakterisierte den Ansatz, dass
Immobilieneigentümer eine größere soziale Verantwortung übernehmen sollen, als
„träge" und bezeichnete den vorgeschlagenen Kompromiss als typisches „Long
Game". Die Herausforderung besteht laut E7 darin, dass die Immobilienwirtschaft
sehr kurzfristig geprägt ist und häufig nicht in langfristigeren Mustern denkt. E8
vertrat die Ansicht, dass die meisten Akteure nur die Maßnahmen umsetzten, die
dem Nutzer einen Mehrwert bieten und dementsprechend auch bezahlt werden. In
diesem Zusammenhang wurden BIDs von E7 als möglicher Ansatz genannt, um
diesen Problemfeldern zu begegnen.

E8 war zudem der Auffassung, dass sich die Gestaltung der Städte derzeit in
einer Transformationsphase befindet. In dieser sei nicht klar ersichtlich, welchen
Mehrwert an Wirtschaftlichkeit die Maßnahmenumsetzung beispielsweise für die
Grundeigentümer bietet. Laut E8 spielt dabei auch die kritische Marktsituation in
Bezug auf die Zins- und Baukostenentwicklungen eine Rolle. In einer solchen
wirtschaftlichen Situation ergäbe sich wenig Potenzial, dass Grundeigentümer zusätzlich in Maßnahmen investieren, wie sie beispielsweise innerhalb eines BIDs
umgesetzt werden.

Im Kontext der Eigeninitiative ein BID zu gründen, identifizierte E8 drei verschiedene Gruppen von Eigentümern. Zunächst gäbe es eine Gruppe, die aufgrund

mangelnder Liquidität nicht in der Lage ist, die Mindestabgabe zu leisten. Eine zweite Gruppe umfasse Eigentümer, die über ausreichendes Kapital verfügen, jedoch nicht bereit sind, zu investieren. Und die dritte Kategorie bestehe aus Eigentümern, die sowohl die erforderlichen Mittel als auch die Bereitschaft haben, in ein BID zu investieren. Laut E8 stelle sich insbesondere die zweite Kategorie als problematisch heraus. Die Gewinnung dieser Akteure erfordere eine hohe Überzeugungskraft.

Bereits unter dem Aspekt der Verantwortungsbereiche wiesen die Experten auf das Verhältnis zwischen wirtschaftlicher Freiheit und regulatorischen Vorgaben hin. Dies wurde auch im Kontext der Zusammenarbeit als Herausforderung betrachtet. Während E4 die Regularien als sinnvoll erachtete, betonte E4 zugleich, dass der Staat durch Steuern und Subventionen nicht stark eingreifen sollte. E1 war der Auffassung, dass die gegenseitigen Ziele beachtet werden müssen. Immobilieneigentümer sollten auch einen wirtschaftlichen Vorteil bei den Maßnahmen erkennen, damit es sich aus deren Sicht lohne, diese umzusetzen. E3 nannte den ÖPNV-Ausbau als Beispiel für eine mögliche Vorleistung aus städtischer Sicht. Des Weiteren war E3 der Meinung, dass eine Stadt durch Schaffung einer guten Erreichbarkeit den nächsten Schritt erreichen könne, indem die Grundeigentümer in ein BID investieren. E1 und E6 beschrieben das Entgegenkommen innerhalb der Zusammenarbeit als wesentlich. Sie wiesen darauf hin, dass es ein Problem darstellen würde, wenn sich die öffentliche Hand durch das Vorhandensein von BIDs zunehmend aus originär städtischen Aufgaben zurückziehen würde. Die Stadt dürfe sich auf solchen Institutionen nicht „ausruhen". E7 erläuterte zudem, dass in Bezug auf BIDs die Gefahr einer Gentrifizierung entstehen kann. Eine wirtschaftlich erfolgreiche Dynamik in einem solchen abgegrenzten innerstädtischen Bereich könne zwangsläufig zu einem Anstieg der Mieten führen. Dies könnte laut E7 die Gefahr von Verdrängung einzelner Sinus-Milieus bzw. einen gewissen Grad an Gentrifizierung nach sich ziehen.

4.2.4   Potenziale der strategischen Zusammenarbeit

E1 betonte, dass eine Stadt in kleine Stadtteile und Bausteine zerfällt und jeder Baustein für sich nur funktioniert, wenn er in Verbindung und enger Zusammenarbeit mit anderen Bausteinen steht. Unter der Voraussetzung einer funktionierenden Zusammenarbeit erkannten die Experten Potenziale der BIDs zur Förderung urbaner Resilienz. Diese Ergebnisse werden im Folgenden dargestellt.

E4 machte deutlich, dass die Entwicklung einer resilienten Stadt ohne die Zusammenarbeit aller Beteiligten ausgeschlossen sei. Die Steuerung innerstädtischer Nutzungen betrachtete E2 ebenfalls als Potenzial. Die Managementebene, welche durch den Zusammenschluss verschiedener Partner bzw. durch ein BID entstehen könne, betonte E3 als entscheidenden Vorteil. Innerhalb des Interviews wurde diese Situation mit einem großen Kaufhaus verglichen. Eine zentrale Managementebene könne Synergieeffekte hinsichtlich des Erfolgs der einzelnen Nutzungen erzielen. E3 illustrierte dies am Beispiel der Anordnung unterschiedlicher Flächen und erläuterte die Relevanz dieses Konzepts für den innerstädtischen Bereich. E7 nannte unter diesem Aspekt die Solidargemeinschaft als weiteres Potenzial. Durch diese Art der Zusammenarbeit, wie es laut E7 auch in einem BID praktiziert wird, könne man Maßnahmen effizienter umsetzen. E6 betonte zudem, dass ein großes Potenzial darin liege, durch diese Maßnahmen den öffentlichen Raum aufzuwerten und die Qualität des definierten innerstädtischen Bereichs zu verbessern. Als abschließenden Punkt zu den Potenzialen der öffentlich-privaten Partnerschaft und der Implementierung eines BIDs nannte E7 das klassische Konzept des „Proof of Concept". Durch ein erfolgreiches BID bzw. einen „Bereich der gut funktioniert" könne auch Einfluss auf die Gesamtstadt genommen werden, wodurch teilweise die Makrolage beeinflusst werde.

Um eine fundierte Diskussionsgrundlage zur Bearbeitung der Forschungsfrage zu schaffen, wurden den Experten auch Fragen zu den folgenden Themenfeldern gestellt. Der Fokus lag dabei unter anderem auf den Funktionen der Innenstädte. Die Experten nahmen Stellung zu einem möglichen Handlungsbedarf für deren zukünftige Entwicklung und stellten konkrete Beispiele aus der Praxis dar. Die Ergebnisse sind im Folgenden in die Kategorien der Funktionalität, die Aspekte wie Erholungsfähigkeit, Reaktionsfähigkeit und Flexibilität umfasst, sowie die Bereiche Diversität und Innovationspotenzial gegliedert. Diese Kategorien, wie im Methodikkapitel (siehe Kap. 3) beschrieben, bilden alle eine wesentliche Grundlage für eine resiliente Entwicklung.

4.3   Erholungs- und Reaktionsfähigkeit

E5 stellte die These auf, dass sich die Innenstadt neu erfinden müsse. Es bestehe die Notwendigkeit, nicht nur die aktuellen Kernfunktionen der Innenstadt zu identifizieren, sondern auch zu überlegen, welche Funktionen sie in den kommenden Jahren übernehmen sollte.

In diesem Zusammenhang hob E1 hervor, dass die Klimaanpassung eine wesentliche Aufgabe ist, welche die Innenstadt künftig erfüllen muss, um andere urbane Funktionen weiterhin zu gewährleisten. E1 und E2 betonten die besondere Bedeutung von Grünflächen für den öffentlichen und resilienten Raum. Es sollte untersucht werden, an welchen Orten Potenzial für die Schaffung solcher Flächen besteht und wie blaue Infrastruktur integriert werden kann, um das Wasser wieder an die Oberfläche zu bringen. E2 erwähnte die Notwendigkeit, mehr kühle innerstädtische Orte zu schaffen.

Auch das Thema Entsiegelung assoziierte E1 in diesem Kontext mit einer wichtigen Handlungsempfehlung. Es war von Innenhöfen die Rede, welche für die öffentliche Hand oft schwer zu erreichen sind. Diese dienen laut E3 als Potenzialflächen für die Entsiegelung und das Schaffen von kühlen Orten. Die Verantwortung liege dafür bei den Immobilieneigentümern.

Innerhalb der Kategorie Erholungsfähigkeit und Weiterentwicklung der Grundfunktionen wurden auch der Verkehrsbereich und dessen Umgestaltung im Zusammenhang mit dem Klimaschutz thematisiert. Aus Sicht von E4 muss der MIV in den Innenstädten reduziert werden und Verkehrsstraßen teilweise in Fahrradstraßen umgestaltet werden. E6 war dabei der Auffassung, dass der Einzelhandel diesen Verkehrswandel als großen Nachteil empfindet. Die Angst, Kunden könnten die Standorte nicht mehr gut erreichen, sei groß.

In den Interviews wurde der Innenstadt die Aufgabe zugesprochen, die Erreichbarkeit der Zentren auch nach der klimabedingten Verkehrswende sicherzustellen. E1, E4 und E6 sahen die öffentliche Hand in dieser Verantwortung. Sie habe in Vorleistung zu gehen und entsprechende Verkehrsalternativen im Sinne einer 15-Min-Stadt zu schaffen. Besonders hervorgehoben wurde dabei der Ausbau des ÖPNV und der Radinfrastruktur. Während der Entwicklung der Fahrradwege sei zudem die Sicherheit dieser Verkehrsteilnehmer zu gewährleisten. In Bezug auf eine resiliente Zukunftsperspektive thematisiert E7 das Konzept der Mobilität als „Mobility as a Service" um den MIV reduzieren zu können. Während E1 mögliche umweltfreundlichem Anlieferungs- und Logistikkonzepten als Handlungsansatz betonte, bewertete E3 das Beispiel von Logistik-Hubs als eine „Träumerei". E3 war der Überzeugung, dass aufgrund des Fachkräftemangels und des zunehmenden Bedarfs die Anlieferungs- und Transportmaße stetig wachsen werden. Bisherige Anlieferungskonzepte, die durch geregelte Öffnungszeiten in den Fußgängerzonen bestimmt sind, würden sich weiter durchsetzen.

B1 betont des Weiteren, dass den Städten eine gewisse Aufenthaltsqualität fehle. Laut E5 sind Innenstädte tagsüber belebt, während sie abends als „ausgestorben" charakterisiert wurden. Unabhängig von dieser Arbeit nahm E4 an einer Um-

frage teil und erläuterte, dass dabei neben Einkaufsmöglichkeiten auch Gastronomie, Grünanlagen und Parks zu den Hauptnutzungen in den Innenstädten zählten.
E5 erkannte zusätzliche Infrastrukturen in Stadtmobiliar und sozialen Einrichtungen, die zur Verbesserung der Aufenthaltsqualität in der Innenstadt beitragen und den Nutzern kostenfrei zur Verfügung stehen.

Die privaten Flächen der Grundeigentümer besitzen nach der Aussage von E1
ein Potenzial, das durch deren Umwidmung in öffentliche Plätze erschlossen werden könnte. Dies würde die Möglichkeit schaffen, gastronomische Betriebe und
Grünflächen auszuweiten. Auch die Umwandlung von Verkehrsstraßen zu Fußgängerzonen wurde von E2 angesprochen, um eine hohe Aufenthaltsqualität und
eine Chance für neue Nutzungskonzepte zu bieten. E7 sprach mit dem Ausbau
von Trinkwasserbrunnen und öffentlichen Toiletten ein weiteres Handlungsfeld an, indem eine Verbesserung der innerstädtischen Aufenthaltsqualität gesehen werde.

Die urbane Sicherheit und das Wohlbefinden charakterisierte E4 als wichtige
Merkmale für die Aufenthaltsqualität in den Innenstädten und die urbane Resilienz. Die öffentliche Hand und die Privatwirtschaft seien in der Verantwortung, dass
städtische Quartiere von einer gemischten Nutzung geprägt und belebt sind. Laut
E4 ist dies die wesentliche Voraussetzung, um ein angenehmes und sicheres
Lebensumfeld in der Stadt zu gewährleisten. Die Innenstadt ist zudem nach Aussage von E4 so zu gestalten, dass keine Angsträume entstehen, in denen un-
kontrollierte Situationen wie Drogenhandel ablaufen können. Drei der acht Experten argumentierten dabei für mehr Sicherheit und Wohlbefinden, indem sie eine
gute Einsehbarkeit durch ein entsprechendes Beleuchtungskonzept und übersicht-
liche Straßenzüge hervorhoben. Auch die Anwesenheit von Sicherheitsdiensten be-
trachteten E4 und E7 als Möglichkeit, um in städtischen Gebieten für eine erhöhte
Sicherheit zu sorgen.

Wenn Quartiere oder urbane Zentren sauber sind und Müllansammlungen ver-
mieden werden können, dann assoziiert das E7 mit einem Gefühl der Sicherheit
und des Wohlbefindens. E3 schildert in diesem Zusammenhang das Problem, dass
die öffentliche Hand selbst oft nicht die Kapazitäten hat, die Stadt sauber zu halten. Das hänge auch davon ab, wie viel Abfall in den Innenstädten abgelagert
wird. Die Stadt Ludwigshafen hat laut E3 beispielsweise mit diesem Problem zu
kämpfen). Im Kontext aktueller Krisensituationen betonte E7 die Bedeutung des
Hochwasserschutzes in Innenstädten als wichtiges Handlungsfeld einer resilienten Stadtentwicklung. Poller- und Schutzanlagen wurden dabei als Maßnahmen
mit erheblichem Sicherheitspotenzial für entsprechende Notsituationen hervorgehoben.

4.4   Flexibilität und Multifunktionalität

In der Kategorie Flexibilität und Multifunktionalität, die mit dem Bereich der Diversität korreliert, äußerte E1, dass die Koexistenz von Wirtschaftsleben und Wohnen in Zukunft als untrennbar betrachtet werden sollte. E2 empfiehl, dass im Zuge einer resilienten Entwicklung die bestehenden Ladenflächen von Eigentümern umzubauen sind. So könne man neue Nutzungen integrieren. E2 und E3 fügten hinzu, dass es dafür von Seiten der Immobilieneigentümer nötig sei eine gemischte Kalkulation aufzusetzen. So könne man auch Kunst- und Kulturbetriebe, Bildungseinrichtungen sowie Einrichtungen wie Bibliotheken in die Innenstadt integrieren.

Nach Aussage von E8 lässt sich urbane Resilienz umso besser erreichen, je mehr verschiedene Nutzungen kombiniert werden, die zu unterschiedlichen Tages- und Nachtzeiten aktiv sind und die Stadt beleben. E2 nannte als Beispiel die *Fünf Höfe* in München. Diese Handelsimmobilie umfasst nicht nur Geschäfte, sondern auch Wohnungen, Gastronomiebetriebe, Ausstellungshallen, ärztliche Dienstleistungen sowie ein Passagen- und Hofsystem.

4.5   Diversität

Im Hinblick auf die Diversität in der Innenstadt identifizierte E2 die Erdgeschossflächen als potenziell geeignet, um multifunktionale Nutzungen zu integrieren. Es wurde betont, dass selbst kleine Handwerksbetriebe wie Bäckereien wieder einen Standort in der Innenstadt haben könnten. Dies würde das Klumpenrisiko verringern, das durch den Ausfall eines großen Einzelhändlers entstehen kann.

Diese Nutzungen sind laut E4 essenziell für die Kundenfrequenz und das Überleben der innerstädtischen Fußgängerzonen. E3 und E4 sprachen dabei folgende Herausforderungen bei der Umsetzung dieser Flächenumnutzung an. Zum einen war dies der Aspekt der Mietpreise. Nach Aussage von E4 sind die angesprochenen Nutzungen nur möglich, wenn die Mieten entsprechend niedriger für diese Flächen ausfallen. Nur auf diese Weise könnten entsprechende Nutzer es sich leisten, in der Innenstadt Fuß zu fassen. E4 ergänzte, dass die Grundeigentümer in der Multifunktionalität und wirtschaftlichen Diversität zwar ein gutes Konzept sehen, jedoch am Ende die Vermietung ihrer Flächen an große und solvente Ketten bevorzugen.

4.6   Innovationsfähigkeit

Explizit von E1, E6 und E7 wurde betont, dass bei der öffentlichen Hand noch Potenzial zu mehr Flexibilität bestehe. Multifunktionale Strukturen könnten nämlich nur in Gebieten umgesetzt werden, in denen das die Baurechtsschaffung auch möglich mache. Für das Lösen dieser Situation forderten E1 und E7 ein Entgegenkommen der öffentlichen Hand. Dies könne sich dabei in einer Reduktion des bürokratischen Sonderaufwands widerspiegeln. Innerhalb der Kategorie der Innovationsfähigkeit betonten E1 und E7 zudem, dass in gleicher Weise von der Privatwirtschaft ein Perspektivenwechsel gefordert wird.

E2 erwartete ein Verständnis dafür, dass eine Verbesserung der Aufenthaltsqualität meist auch mit einer Verbesserung und Wertsteigerung der Immobilie einhergeht. Nach der Aussage von E4 kann sich der Wert einer Immobilie dabei je nach Qualität der räumlichen Umgebung um den Faktor zehn verbessern. E5 betonte in diesem Zusammenhang, dass es sich bei den Investitionen sowohl um Effekte auf den öffentlichen Raum rund um eine Immobilie als auch auf die Immobilie selbst handle. Der langfristige wirtschaftliche Erfolg lasse sich aber nicht unmittelbar durch einen Return on Investment berechnen. Ein Unternehmer müsse hierbei den „Weitblick" entwickeln, um zu verstehen, wie sich Maßnahmen im öffentlichen Raum auch für ihn selbst wirtschaftlich lohnen können. E5 stellte fest, dass dieser Fokus auf die Stadtentwicklung bei vielen Eigentümerstrukturen noch nicht vorhanden sei.

Diskussion 5

„Inwiefern können Business Improvement Districts als Beteiligungsinstrument zur Förderung der urbanen Resilienz in innerstädtischen Quartieren beitragen?"

Auf Basis der dargestellten Ergebnisse aus den strukturierten Interviews und Sichtweisen der verschiedenen Akteure wird in diesem Kapitel die Fragestellung kritisch diskutiert. Um eine konkretere Darstellung der Konstellationen und Bedingungen zu erlangen, unter denen *Business Improvement Districts* als Beteiligungsinstrument der Quartiersentwicklung zur Stärkung der urbanen Resilienz eingesetzt werden kann, wurden im Rahmen einer empirischen Datenerhebung Experteninterviews durchgeführt. Die Aussagen und Praxiserfahrungen der Experten werden nun mit der im Theorieteil (siehe Kap. 2) dargestellten Literatur zusammengeführt. Das ermöglicht einen praxisbezogenen Diskurs in Bezug auf den Untersuchungsgegenstand.

BIDs werden in der Literatur nicht direkt als Entwicklungsinstrumente für die urbane Resilienz bezeichnet. Verknüpft man die Aussagen, welche in aktuellen Publikationen zu resilienten Handlungsempfehlungen formuliert werden, mit dem Vorgehen innerhalb der BIDs und den Aussagen der Experten, so lassen sich einige Korrelationen erkennen. Dieser neue Ansatz stellt die Originalität der Untersuchung dar. Die nachfolgende Diskussion wird thematisch in zwei Teile untergliedert, um diese Auseinandersetzung zu strukturieren. Der erste Abschnitt analysiert kritisch die Zusammenarbeit innerhalb eines BIDs im Hinblick auf die Förderung der urbanen Resilienz. Konkrete, resiliente Maßnahmen von BIDs werden im zweiten Abschnitt diskutiert und anhand von praktischen Beispielen dargestellt.

5.1   BIDs als flexible Governance-Struktur für die Förderung einer resilienten Stadtentwicklung

Das Memorandum „Urbane Resilienz" des BMI ist zentraler Bestandteil der aktuellen urbanen Resilienz-Forschung. Innerhalb seines „Aufrufs zum gemeinsamen Handeln" (BMI, 2021b, S. 83) werden Handlungsempfehlungen für die Förderung der urbanen Resilienz formuliert (BMI, 2021b, S. 83 ff.). Eine dieser Empfehlungen fordert den Aufbau von „[f]lexiblen Governance-Strukturen" (BMI, 2021b, S. 84), welche mit den Aussagen der Experten in Bezug auf die Zusammenarbeit innerhalb der BIDs korreliert. Sie sehen in diesem Instrument eine Art Managementebene und Solidargemeinschaft. Durch dieses interaktive Netzwerk sei es möglich, Maßnahmen effizienter umzusetzen. Klare Entscheidungsstrukturen sind nötig, um schneller auf entsprechende Katastrophen oder Krisen reagieren zu können (BMI, 2021b, S. 84). Konkret wird dies in der Praxis durch die landesgesetzliche Grundlage umgesetzt. Darin werden die Handlungsspielräume der zu beteiligenden Akteure (Schote, 2020, S. 148) und die Pflicht einer zu leistenden, finanziellen Abgabe festgehalten (§ 9 (1) GSPI).

Die Lenkungsgremien (Drilling & Schnur, 2009, S. 17) und regelmäßige Versammlungen innerhalb eines BIDs bilden laut Expertenmeinung, neben dem gesetzlichen Rahmen, eine klare Entscheidungsstruktur. E6 empfiehlt keine langen Laufzeiten zu vereinbaren, um die Möglichkeit zu haben, mit den Maßnahmen entsprechend kurzfristig zu reagieren.

Auf dieser Basis entsteht eine Zusammenarbeit zwischen der Privatwirtschaft als Initiator und der öffentlichen Hand als direktem Partner (Handelskammer Hamburg, 2024a, o. S.). Im Interview mit E5 wird deutlich, dass es für eine zukunftsorientierte, resiliente Stadtentwicklung noch weitere Akteure wie die Zivilgesellschaft benötige. Die Partizipation zivilgesellschaftlicher Vertreter wird innerhalb von BIDs durch den Lenkungsausschuss gewährleistet, welcher die Umsetzung der Maßnahmen überwacht (§ 8 (1) GSPI). E6 nannte als Beispiel für eine solche flexible *Governance*-Struktur das BID *Reeperbahn+*. Dort arbeiten die Privatwirtschaft und öffentliche Hand zusätzlich mit der Interessensgemeinschaft (IG) St. Pauli zusammen. Diese IG fungiert als „Sprachrohr" für Anregungen und Interessen. Vertreten werden darin, neben Gewerbebetrieben, auch Dienstleistungsunternehmen und Vereine (IG St. Pauli, 2024, o. S.). Laut E6 ermöglicht dies, zusätzliche Meinungen der Zivilgesellschaft innerhalb des BIDs zu vertreten und eine partnerschaftliche Zusammenarbeit zu gewährleisten. E7 beschrieb im Interview ein solches BID als eine Solidargemeinschaft. In dieser gebündelten Kompetenz der verschiedenen Beteiligten liegt die Möglichkeit, auch in kritischen Zeiten schnell handeln zu können und nach Lösungen zu suchen. Den Aspekt der Konnektivität innerhalb eines abgegrenzten Bereichs bewertet neben dem angesprochenen Memorandum auch das Forschungsgutachten des Wuppertal Institutes. Es wird als eines der Potenziale für die Umsetzung einer resilienten Stadtentwicklung beschrieben (Fekkak et al., 2016, S. 12).

Trittbrettfahrer beeinflussen durch ihre passive Position das Innovationspotenzial vor, während und nach Krisen negativ. Mithilfe von BIDs und deren gesetzlicher Grundlage ist es möglich, dieses Problem zu umgehen (Pfnür & Rau, 2023, S. 13–14). Dies betonte auch E6. Die BID-Gesetze würden die Chance bieten, das Kapital von Eigentümern zu aktivieren, welche nicht bereit sind in den öffentlichen Raum zu investieren. Das Innovationspotenzial steigt somit in diesem innerstädtischen Bereich und verbessert damit die Möglichkeit, die urbane Resilienz zu fördern (The Rockefeller Foundation, 2014, S. 5; BBSR, 2018, S. 18; Fariniuk et al., 2022, S. 8). In dieser Umsetzungsfähigkeit grenzt sich ein BID gegenüber anderen Instrumenten ab, wie es im Abschn. 2.3.2 beschrieben wurde.

Die genannten Potenziale sind in Bezug auf die erarbeiteten Ergebnisse noch kritisch zu beleuchten. Gerade in der aktuellen Marktsituation sieht E8 ein großes Hindernis, dass die Privatwirtschaft aus der Eigeninitiative heraus ein BID gründen würde. E6 sieht dieses Problem weniger. Es handle sich bei den Maßnahmen, welche durch ein BID umgesetzt werden können, um eine klare Aufwertung des innerstädtischen Standortes. Dabei wird das gesamtstädtische Interesse laut E6 ebenso beachtet wie der eigene wirtschaftliche Vorteil.

Der Experte führte weiter aus, dass die höhere Standortqualität für die Eigentümer die Möglichkeit zur Erhöhung der Mieten biete. Daraus abgeleitet kann zum einen von einer wirtschaftlichen Aufwertung des innerstädtischen Standortes gesprochen werden. Zum anderen reagiert ein BID, auch wenn es im klassischen Sinne zum Vorteil der Grundeigentümer entwickelt wurde (Fuchs, 2017, S. 237), auf die Handlungsempfehlung des Memorandums „Urbane Resilienz". Die Umsetzung der Maßnahmen und die daraus resultierende höhere Standortqualität basieren auf den bestehenden Leitbildern der Leipzig-Charta. Dazu gehören unter anderem die „Innenentwicklung, Gemeinwohlorientierung […] und Transformationsfähigkeit" (BMI, 2021b, S. 83).

In Bezug auf das angesprochene Problem stellt es eine wirtschaftliche Herausforderung dar, die in einer solchen Marksituation berücksichtigt werden muss. Andererseits müssen die Immobilienakteure auch den im Ergebnisteil (siehe Kap. 4) erwähnten „Weitblick" entwickeln.

In den Hamburger BIDs werden laut E6 Laserscanner installiert, welche die Frequenzzahlen in den BIDs messen. Anhand dieser Zahlen können Maßnahmen konkret mit Kundenzahlen bewertet werden. Nach Aussage von E6 hat man in Hamburg durch die getroffenen Maßnahmen erneut die Besucherfrequenzen der Prä-Corona-Situation erreicht. Dies ist teilweise widersprüchlich mit den Vorhersagen aus der Literatur, welche für die Zukunft eher ein Sinken der innerstädtischen Frequenzen prognostizierten (BMI, 2021a, S. 10). Um welche Maßnahmen es sich hierbei konkret handelt und welchen Bezug diese zu der urbanen Resilienz haben, wird im zweiten Abschnitt dieses Kapitel genau erläutert. Mithilfe solcher digitalen Lösungen wird versucht, den im Ergebnisteil angesprochenen „Return on Investment" darzustellen. E7 kommentiert diesen Sachverhalt innerhalb des Interviews wie folgt: Eine solche Analyse ermöglicht es einem Investor, zu erkennen, dass ein BID nicht nur Maßnahmen zum Wohl der Infrastruktur oder Allgemeinheit umsetzt. In der Hauptsache bieten diese vor allem auch wirtschaftliche Vorteile für ihn als Immobilieneigentümer. Daher sollte der Investor bereit sein, in ein BID zu investieren, wenn er den langfristigen Nutzen für seine Immobilie berücksichtigt. In diesem Fall könnte ein BID sogar mit einer Attraktivitätssteigerung des Investitionsstandortes einhergehen. Diese langfristig orientierte Perspektive in Bezug auf den Werterhalt der Immobilie und einer Verbesserung der Standortqualität sollten sowohl die Eigentümer als auch die Nutzer einnehmen. Aus praktischer Erfahrung von E6 sind letztere auch bereit, die etwas höhere Miete zu bezahlen, wenn sie den wirtschaftlichen Mehrwert in den Aufwertungsmaßnahmen erkennen. E6 berichtete, dass die hohe Standortattraktivität der Hamburger Innenstadt zu einem Zuzug internationaler Mieter geführt hat.

Bisher wurde über eine von E8 definierte Gruppe diskutiert, die sich weigere in ein BID zu investieren. Sollte ein Immobilieneigentümer aufgrund seiner wirtschaftlichen Situation oder der Art der Nutzung nicht in der Lage sein, Abgaben zu leisten, gibt es folgenden Lösungsvorschlag: Das Hamburger BID-Gesetz, legt beispielsweise fest, dass „die Erhebungsbehörde [...] Abgabenpflichtige ganz oder teilweise von der Abgabenpflicht befreien [kann], soweit die Heranziehung zu den Abgaben vor dem Hintergrund der tatsächlichen Grundstücksnutzung eine unverhältnismäßige Härte begründen würde" (§ 9 (9) GSPI). In der beschriebenen Situation kann somit durch die gesetzliche Grundlage reagiert werden und in einzelnen Ausnahmefällen eine zusätzliche wirtschaftliche Belastung erspart bleiben.

Um das beschriebene Innovationspotenzial aufrechtzuerhalten, spielt laut Expertenmeinung das Entgegenkommen der Kommune neben der Investitionsbereitschaft der Eigentümer eine wichtige Rolle. Konkret wird dies im folgenden Abschnitt anhand von bestimmten Maßnahmen erläutert.

Übernimmt die öffentliche Hand Verantwortung für die originär städtischen Aufgaben und arbeitet kooperativ mit den Immobilieneigentümern innerhalb eines BIDs zusammen, so entstehen positive Beispiele wie das BID *Neuer Wall* in Hamburg. E6 beurteilt dieses Beispiel als sehr erfolgreich. Man befindet sich mittlerweile in der fünften Laufzeit und es wäre ohne die Maßnahmen des BIDs „unvorstellbar", das positive Stadtbild aufrechtzuerhalten.

5.2   Maßnahmen in BIDs und deren Beitrag zur urbanen Resilienz

Neben der Zusammenarbeit innerhalb eines BIDs sind die möglichen Resultate dieses Beteiligungsinstruments in Bezug auf die urbane Resilienz ebenso kritisch zu bewerten. Ein konkreter Praxisbezug ist wichtig, um zu verstehen, welche Maßnahmen bereits umgesetzt wurden und welche Potenziale noch ungenutzt sind.

Bevor in diesem Teil der Diskussion auf die konkreten Maßnahmen eingegangen wird, ist es notwendig, ein weiteres Problemfeld zu diskutieren. E7 sprach das Thema der Gentrifizierung als negative Folge von erfolgreichen Maßnahmen an. E6 wiederum entgegnete, dass er dieses Problem eher in Wohngegenden sehe. Die Funktion „Wohnen" sei aber in der Innenstadt nicht so ausgeprägt, dass dies ein Problem in Bezug auf eine Gentrifizierung innerhalb von BIDs darstellen würde. Laut E2 ist es das Ziel, gerade solche Funktionen vermehrt in die Innenstadt einzubringen. Es wird in Zukunft durchaus Situationen geben, in denen diese Problematik anzusprechen ist. Auch wenn es den Rahmen dieser Arbeit sprengen würde, ist es von großer Bedeutung, sich in weiteren Forschungsansätzen mit der Thematik der Gentrifizierung innerhalb von BIDs im Detail auseinanderzusetzen.

Abgesehen davon wird in ähnlichem Kontext die Kostenweitergabe an die Mieter und Nutzer in einem Positionspapier der IHK München und Oberbayern als Risiko angesprochen. Bei einer kritischen Wirtschaftslage der gewerblichen Nutzer kann dies auch zu Verdrängungen innerhalb eines BIDs führen (IHK München und Oberbayern, 2022, S. 2). Um den Mietern keine zu hohe finanzielle Belastung durch das Umlegen der BID-Abgaben aufzuerlegen, ist nach Aussage der Experten eine enge Zusammenarbeit mit dem Lenkungsausschuss erforderlich. So könne durch die Interessengemeinschaften auch die Stimme der Nutzer und Mieter gehört und Maßnahmen angepasst werden.

Die Relevanz dieser Problematik fußt auf der Tatsache, dass die Diversität ein wichtiges Merkmal für die urbanen Resilienz darstellt (BBSR, 2018, S. 17). Korrelationen zeigen sich im Kontext einer resilienten Innenstadtentwicklung auch mit

der Multifunktionalität urbaner Strukturen (Fekkak et al., 2016, S. 12). Die befragten Experten sehen diese multifunktionale Nutzungsmischung und diversifizierte Struktur als Grundvoraussetzung für die urbane Resilienz. Neben den großen Filialisten sind es laut E1 auch die kleinen Handwerksbetriebe, welche man in
die innenstädtischen Flächen integrieren muss, um diese zu beleben. In Bezug auf
das Merkmal der Redundanz ist dies ein wichtiger Aspekt (siehe Abschn. 2.2.3).
Diversifizierte Nutzungen in der Innenstadt übernehmen dabei die Eigenschaft von
Pufferkapazitäten (BBSR, 2018, S. 17). E1 vergleicht dies mit der Reduktion des
Klumpenrisikos, welches beim Ausfall eines großen Einzelhändlers entstehen
würde. Die Versorgungsfunktion kann in einer solchen Situation von vielen kleinteiligen Angeboten besser aufrechterhalten werden. Inwiefern besteht hierbei nun
der Handlungsspielraum eines BIDs und welche Nutzungen können konkret integriert werden?

Laut E6 ist der Einfluss von BIDs auf die Nutzungen innerhalb der einzelnen
Immobilien nur begrenzt umsetzbar. Die Überlegung der Experten war, dass kulturelle und soziale Einrichtungen, die auf niedrige Mieten angewiesen sind, mithilfe
von Ausgleichsbeiträgen in die Innenstadt integriert werden können. Diese Bei-
träge würden durch BID-Abgaben finanziert werden. Nach den praktischen Er-
fahrungen von E6, sind die Immobilieneigentümer jedoch nicht bereit, mit ihren
Abgaben Nutzungen in anderen Immobilien zu subventionieren. Maßnahmen, welche die einzelnen Immobilien in einem BID betreffen, sind laut E6 nur durch den
folgenden Ansatz beeinflussbar: Die Akteure eines BID versammeln sich regelmä-
ßig zu einem Netzwerktreffen, so der Projektleiter. Experten bereichern diese Treffen mit Vorträgen über aktuelle Themen und haben so Einfluss auf die Sanierungs-
aktivität innerhalb der einzelnen Immobilien. In ihrem Beitrag zu einer resilienter-
ren Stadtentwicklung hebt Astrid Messer, zuständige Referentin für Nationale
Stadtentwicklungspolitik, hervor, dass sich derartige „Netzwerkprogramme als
Motoren des Wissensaustausch und der Interessenvertretung" (Messer, 2021,
S. 57) erweisen. Sie fördern das Innovationspotenzial in Bezug auf eine resilientere
Stadtentwicklung (Messer, 2021, S. 57).

Ein direkter Handlungsspielraum von BIDs bezieht sich laut E6 auf den öffentlichen Raum. In verkehrsberuhigten Bereichen von BIDs werden beispielsweise
Pop-up-Stores integriert, um die Nutzungsvielfalt und Standortattraktivität zu fördern, so die Experten. E4 erläutert, dass zu hohe Mieten umgangen werden können,
weil Pop-up-Stores mithilfe der BID-Abgaben subventioniert werden. Nutzungen
wie beispielsweise die kleine Kaffeerösterei erhöhen dabei nicht nur die Multifunktionalität, sondern auch die Kundenfrequenz durch ihre Einzigartigkeit. Diese
Maßnahmen empfiehlt auch das Memorandum „Urbane Resilienz". Es fordert,

dass „Zentren neu programmier[t] [werden]" (BMI, 2021b, S. 84). Nach Aussage
der Experten sollte dieses Innovationspotenzial durch das Entgegenkommen der
öffentlichen Hand unterstützt und nicht durch zu hohe Sondernutzungsgebühren
oder anderen Reglements verhindert werden. Im Kontext des Resilienz-Verständ-
nisses ist laut E5 immer klar zu definieren, „wem oder was gegenüber […] wir resilient sein [wollen]". Die Lernfähigkeit der Städte übernimmt eine wichtige Bedeutung innerhalb dieses Verständnisses von urbaner Resilienz. Theoretische
Definitionsansätze betonen ebenfalls die „Selbsterneuerung" urbaner Systeme
(Kaltenbrunner, 2013, S. 291).

Während das vorherige Beispiel die wirtschaftliche Diversität im Sinne eines
robusten Merkmals der Innenstadt weiterentwickelt, sah E1 wiederum den Aspekt der Klima-Resilienz als bedeutend an. Es sei essenziell, aus den Natur-
ereignissen zu lernen und das urbane Kleinklima entsprechend anzupassen. Der
Ausbau von grüner und blauer Infrastruktur spielt für E2 und E5 eine wichtige Rolle.

Nach Aussage von E6 hat ein BID in diesem Anwendungsfeld große Handlungsspielräume. Innerhalb der ersten Laufzeit stehe beispielsweise die Neugestal-
tung des öffentlichen Raumes im Vordergrund. Der Experte betonte dabei den
Einfluss der einzelnen Lenkungsgremien auf die Sanierungsmaßnahmen. Laut E6
tragen die beteiligten Institutionen Mitverantwortung und übernehmen eine
Kontrollfunktion, um sicherzustellen, dass Bepflanzungs- und Grünkonzepte in die
Maßnahmen integriert werden. Die sogenannten „Sommergärten" in der Hamburger Innenstadt wurden dabei von E6 als konkretes Beispiel genannt. Es handelt
sich dabei um eine BID-übergreifende Kooperation. Acht verschiedene BIDs par-
tizipieren an diesem Projekt und arbeiten gemeinsam an einem innerstädtischen
Begrünungskonzept. Naturrasenflächen, Sonnensegel, Bäume, aber auch neues
Stadtmobiliar sollen im Sommer kühle Orte schaffen und gleichzeitig die Aufent-
haltsqualität der innerstädtischen Bereiche verbessern. Das komme nicht nur dem
Gemeinwohl zugute, sondern erhöhe auch die Kundenfrequenz zum Vorteil der
Privatwirtschaft.

In Bezug auf die Entwicklung blauer Infrastrukturen gibt es in Hamburg bisher
kein aktives BID-Projekt, denn laut E6 seien diese bereits gut ausgebaut. Ein konkretes Beispiel lässt sich hingegen im BID *Seltersweg* in Gießen finden. Durch die
Zuarbeit von externen Architekten integrierten die Immobilieneigentümer einen
Wasserfall in eine innerstädtische Einkaufsstraße. Dieser solle nicht nur die Aufenthaltsqualität steigern, sondern auch den Verkehrslärm überschallen und die
Lebensqualität verbessern (BID Seltersweg, 2024, o. S.).

„Wenn das sozial-räumliche Amalgam „Quartier" lebendig und reagibel ist, macht es die Städte resilienter" (Schnur, 2021, S. 55). In diesem Kontext ist das Zitat des Leiters des Forschungsbereichs im vhw Bundesverband für Wohnen und Stadtentwicklung e. V. erneut von Bedeutung. Die im ersten Abschnitt beschriebene effiziente Umsetzungsfähigkeit von BID-Maßnahmen kann mit der Reagibilität eines Quartieres bzw. eines abgegrenzten innerstädtischen Bereichs verglichen werden. Die umgesetzten Praxisbeispiele, die aus dieser Fähigkeit resultieren, beleben das Quartier. Dies wird durch die Aussagen der Experten im Ergebnisteil bestätigt (siehe Kap. 4). Es kann somit von einer starken Korrelation zwischen den BIDs und der Förderung der urbanen Resilienz gesprochen werden.

In Abschn. 2.3.1 wird im Kontext der quartiersbezogenen *Governance* die finanzielle Situation der Kommunen problematisch beschrieben. Sie stellt ein Hindernis dar, Konzepte der Stadtentwicklung effizient umzusetzen (Vrhovac et al., 2021, S. 17). Es benötig neben der klassischen Städtebauförderung auch private Gelder der Eigentümerstrukturen (Prey & Vollmer, 2009, S. 229) und einen entsprechenden Planungsansatz (Vollmer, 2015, S. 114). Ein BID stellt laut E7 in diesem Sinne einen Lösungsansatz dar. Durch die meist fünfjährige Laufzeit und die Maßnahmen, welche im Voraus festgelegt werden, sei eine gewisse Planbarkeit für alle Beteiligten gegeben. Durch die Pflichtabgaben ist die Finanzierung dieser Maßnahmen von Projektbeginn an gesichert (Schote, 2020, S. 148 ff.). Als konkretes Beispiel nannte E6 die aufwendige Grünpflege, welche sich die öffentliche Hand meist nicht leisten könne. Hier komme wiederum das BID-Budget zum Einsatz, das für Pflegemaßnahmen der Bäume und Pflanzen verwendet wird. Daraus lässt sich ein weiteres Innovationspotenzial in Bezug auf die urbane Resilienz bzw. die Umsetzungsfähigkeit als Resilienz-Indikator ableiten (BBSR, 2018, S. 18).

Im Kontext der Klima-Resilienz spielt sowohl für die befragten Experten, als auch innerhalb der Empfehlungen des Bundesministeriums (BMI, 2021b, S. 84) die Verkehrswende eine bedeutende Rolle. E6 weist dabei auf eine klare Begrenzung des Handlungsspielraums von BIDs hin und betrachtet die Verkehrsplanung als eine primär politische Aufgabe. In diesem Kontext setzte ein BID ausschließlich „On-top-Maßnahmen" um. Das Memorandum „Urbane Resilienz" (BMI, 2021b, S. 84), E3 sowie E4 betonen dabei die Förderung des Umweltverbunds für eine resilientere und nachhaltigere Erreichbarkeit der Innenstadt.

Laut E6 werden in BIDs zusätzliche Fahrradstellplätze oder E-Scooter-Parkplätze in den öffentlichen Raum integriert. Der Ausbau von Radwegen gehöre ebenso in den Handlungsspielraum, um die Attraktivität und Erreichbarkeit auch zum Vorteil der Privatwirtschaft zu verbessern. Es sei wichtig, dass alle Akteure bei solchen Maßnahmen einen Nutzen für sich gewinnen können. Im Hamburger BID *Wandsbek Markt* wurden innerhalb der Laufzeit von 2008 bis 2013 ca. 3.990.000 EUR investiert. Dieses Budget floss unter anderem in ca. 400 neue Fahrradstellplätze, eine Vielzahl neuer Bäume und in die Verbreiterung und den Ausbau des Geh- und Radweges (Behörde für Stadtentwicklung und Wohnen, 2024, o. S.). Diese Maßnahmen lassen sich mit einem redundaten Charakter verbinden, welcher für eine resiliente Entwicklung bedeutend ist (BBSR, 2018, S. 17). Es werden zusätzliche, klimafreundliche Verkehrsalternativen geschaffen, auf die bei Ausfall eines anderen Fortbewegungsmittels zurückgegriffen werden kann. Während der Corona-Pandemie stieg beispielsweise die Nachfrage nach dem Fuß- und Radverkehr, während man den ÖPNV aus gesundheitlichen Gründen weniger nutzte (Statista, 2024, o. S.).

E2 unterstrich zudem die Relevanz der Schaffung neuer Fußgängerzonen in Innenstädten im Rahmen der Verkehrswende. Durch die Reduktion des MIV soll eine höhere Aufenthaltsqualität geschaffen werden. E6 nannte das BID *Neuer Wall* als Referenz. Teile dieses innerstädtischen Bereichs wurden vom Auftraggeber von einer Verkehrsstraße in eine Fußgängerzone umgewandelt. Im Zuge dieser Umgestaltung erfolgte auch eine Umwidmung von Parkplätzen. Laut E4 bieten diese verkehrsberuhigten Zonen beispielsweise Potenzial für die Implementierung von Pop-up-Stores. Wenn die Privatwirtschaft die Initiative ergreift und bereit ist, den öffentlichen Raum in der dargestellten Weise mitzugestalten, sollte die öffentliche Hand nach Aussage der Experten bei vertretbaren Maßnahmen nicht durch baurechtliche oder bürokratische Hürden behindern. Eigentümerstrukturen haben eine Verantwortung über ihr Eigentum und somit auch in gewisser Weise für den öffentlichen Raum (Vollmer, 2015, S. 105). Das von E7 angesprochene „Entgegenkommen" der öffentlichen Hand darf jedoch in dieser Kooperation nicht unterschätzt werden.

Neben dem Memorandum „Urbane Resilienz" des BMI und dem „Stresstest Stadt" des BBSR stellt auch das Resilienz-Modell der *Rockefeller Foundation* einen weiteren wichtigen Bestandteil in der Theorie zur urbanen Resilienz dar. Das Wohlbefinden innerhalb einer Stadt ist dabei eine von vier Dimensionen, welche für eine resiliente Entwicklung von Bedeutung sind (Fariniuk et al., 2022, S. 7; The Rockefeller Foundation, 2014, S. 7 ff.; The Rockefeller Foundation, 2015, S. 3). E4 betonte in diesem Kontext vor allem den Aspekt der urbanen Sicherheit. Diese sei eine Grundvoraussetzung für das Wohlbefinden innerhalb eines urbanen Raumes.

Um einen BID-Standort zum Vorteil der Privatwirtschaft attraktiver zu gestalten, finanzieren die Eigentümer mit ihren Abgaben zusätzliche Service- und Reinigungskräfte. Dieses Beispiel funktioniere laut E6 sehr gut. Man erkenne, wie sich ein BID durch diese Maßnahmen in Bezug auf die Sicherheit und die Sauberkeit von anderen Stadtbereichen abhebe. Zusätzlich erfüllt dies auch einen gemeinnützigen Zweck, da die innerstädtische Sauberkeit ein wesentlicher Faktor ist, um die genannte Resilienz-Dimension des Wohlbefindens zu gewährleisten.

Sauberkeit erhöhe die Frequenz in der Innenstadt und ein belebtes Zentrum wiederum erhöhe die Kaufkraft zum Vorteil des Einzelhandels und der Gastronomie. Dadurch werden laut E4 Innenstädte aus wirtschaftlicher und sozialer Sichtweise robuster. Die Stadt Ludwigshafen hat laut E3 das Problem mit einer unkontrollierten Müllablagerung in der Innenstadt. Im Falle einer Investition von Eignetümerstrukturen in ein BID könnte die Aufenthaltsqualität der Stadtzentren zugunsten der Geschäftsstraßen sowie der Bewohner verbessert werden. Gleichzeitig würde innerhalb dieser Kooperation auch eine Entlastung der öffentlichen Hand erreicht werden. E6 betont des Weiteren die Umsetzung von Beleuchtungskonzepten. Diese sollen den Wohlfühlcharakter fördern und gerade auch in dunklen Jahreszeiten die Frequenz der Bürgerinnen und Bürger in der Innnestadt erhöhen. Als Beispiel wurde die Weihnachtsbeleuchtung des *Neuen Walls* in Hamburg genannt.

In einem aktuellen Beitrag aus der Reihe *Wissen* des ZDF über den Hochwasserschutz der Zukunft werden auch die Städte in den Mittelpunkt gestellt (Schubert, 2024, o. S.). Nach Aussage von E7 könnte ein BID dazu beitragen, den Hochwasserschutz in betroffenen Innenstädten zu fördern und das auch zum Vorteil der Eigentümer. Eigentümerstrukturen könnten sich somit auf eine Krise vorbereiten und damit finanzielle Schäden der Nutzer und den Wertverlust der eigenen Immobilie verhindern. Laut E6 findet in BIDs darüber noch kein konkreter Diskurs statt. Dieser Aspekt sollte die Privatwirtschaft dazu motivieren, mittels eines „Weitblicks" über die Vielzahl an Maßnahmen zu diskutieren, die sowohl zum eigenen Vorteil als auch zum Gemeinwohl umgesetzt werden können.

Im Stadtstaat Hamburg werden nach Aussage von E6 BIDs seit 20 Jahren erfolgreich zur Aufwertung der Innenstadt eingesetzt. Im Gegensatz dazu hat das Land Bayern noch keine landesgesetzliche Grundlage dafür geschaffen (Landeshauptstadt München, 2024, S. 99). Die Immobilienzeitung betont mit ihrem Artikel „Die Eigentümer haben den Wandel der Innenstadt verschlafen" (Heintze, 2024, S. 23) das Problem, dass die Kooperation zwischen der Privatwirtshaft und der öffentlichen Hand in München noch nicht ausreichend funktioniert. Der Beitrag verweist dabei auf das in der Problemstellung erwähnte Gutachten der Stadt München und nennt das Instrument der BIDs als Handlungsansatz (Heintze, 2024, S. 23;

Landeshauptstadt München, 2024, S. 99). Die Handelskammer München und Oberbayern hebt im Zusammenhang mit einer möglichen Einführung der landesgesezlichen Grundlage für BIDs hervor, dass dieses Instrument nicht ausschlißlich zur Krisenbewältigung dient (IHK München und Oberbayern, 2022, S. 2).

Diese Arbeit untersucht die Fragestellung, inwiefern BIDs einen Beitrag zur urbanen Resilienz leisten. In der definitorischen Herleitung des Resilienz-Begriffs (siehe Abschn. 2.2.2) wurde der Zusammenhang zwischen diesem zukunftsfähigen Stadtkonzept und der Fähigkeit zur Krisenbewältigung klar herausgearbeitet. Nach einer ausführlichen Diskussion unter Beachtung der relevanten Literatur und den Aussagen und praktischen Beispielen der Experten, lässt sich Folgendes schlussfolgern.

BIDs sind ein Instrument, das Maßnahmen zum Vorteil der Privatwirtschaft entwickelt. Diese Handlungen haben eine positive Wirkung auf das städtische Gemeinwohl und in gleicher Weise auf die urbane Resilienz. Die Handelskammer München und Oberbayern ist der Auffassung, dass es ein Risiko darstellt, dass BIDs „kein Instrument zur reinen Krisenbewältigung" (IHK München und Oberbayern, 2022, S. 2) sind. Durch den mit dieser Untersuchung erarbeiteten Kenntnisstand sollte dieser Meinung kritisch gegenübergestanden werden. Es handelt sich bei BIDs um einen Beteiligungsansatz der Quartierssanierung, welcher neben seiner Grundidee auch die urbane Resilienz effizient fördert. Diese Erkenntnis ist nicht als Risiko, sondern als Potenzial für die Stadtentwicklung zu sehen.

Bei *Business Improvement Districts* handelt es sich um ein Anwendungsgebiet, welches in der Praxis noch weiter erprobt werden muss. Für zukünftige Forschungsansätze wäre es aufschlussreich, die identifizierten Aspekte anhand eines laufenden Projektes zu überprüfen und die Auswirkungen quantitativ zu erfassen.

5.3 Maßnahmenkatalog

Um dem Ziel dieser Arbeit gerecht zu werden, erfolgt im Folgenden die Formulierung von Bedingungen durch einen Maßnahmenkatalog, der aufzeigt, unter welchen Umständen *Business Improvement Districts* als Beteiligungsinstrument der Quartiersentwicklung die urbane Resilienz fördern können.

A. Etablieren von gesetzlichen Rahmenbedingungen
Business Improvement Districts dienen als Instrument der Beteiligung in der Quartiersentwicklung und basieren auf landesgesetzlichen Regelungen (Schote, 2020, S. 148). In Hamburg sowie in zehn weiteren Bundesländern existiert bereits eine solche gesetzliche Grundlage (Handelskammer Hamburg, 2024b, o. S.). Um

die bundesweite Förderung der *Urban Governance* zu optimieren und der Privatwirtschaft attraktive Möglichkeiten zur verstärkten Beteiligung an der Quartiersentwicklung zu bieten, fordert die Expertenmeinung, auch in den verbleibenden Bundesländern entsprechende gesetzliche Rahmenbedingungen zu etablieren.

B. Perspektivenwechsel der Privatwirtschaft

Der gesellschaftliche, technologische und ökologische Wandel stellt die Immobilienwirtschaft, einen zentralen Akteur der Quartiersentwicklung, vor spezifische Herausforderungen. Sie sieht sich mit steigenden Leerständen und sinkenden Mieten von Einzelhandelsflächen konfrontiert, was das Risiko von Trading-down-Effekten erhöht (Pfnür & Rau, 2023, S. I). Um den Werterhalt von Immobilien sowie die resiliente Entwicklung und Qualitätsverbesserung der Innenstädte durch Instrumente wie *Business Improvement Districts* (BIDs) sicherzustellen, sehen Experten einen Perspektivenwechsel als notwendig. Die Immobilienwirtschaft und im Speziellen die Eigentümerstrukturen innerstädtischer Quartiere müssen sich ihrer sozialen Verantwortung und ihrer Verantwortung für den öffentlichen Raum bewusster werden. Dies erfordert mehr Eigeninitiative, die durch die Gründung von BIDs zum Ausdruck gebracht werden kann.

C. Kooperative Zusammenarbeit

Innerhalb der Stadtentwicklung wird die Problematik der angespannten Haushaltslage der Kommunen thematisiert (Vrhovac et al., 2021, S. 17). *Business Improvement Districts* (BIDs) bieten einen instrumentellen Ansatz, um den Widerspruch zwischen dem Handlungs- und Investitionsbedarf und der kommunalen Haushaltssituation zu überwinden (Pfnür & Rau, 2023, S. 14). Übernimmt die Privatwirtschaft durch die Gründung von BIDs mehr Eigeninitiative und trägt damit positiv zum Gemeinwohl sowie zur resilienten Entwicklung der Städte bei, sollte die öffentliche Hand eine offene Kooperationsbereitschaft zeigen. Dies umfasst laut der Expertenmeinung insbesondere die flexible Gestaltung der Baurechtsschaffung, den Abbau von Bürokratie und die Reduktion von Sondernutzungsgebühren.

D. Innovationspotenzial durch Wissensaustausch fördern

Business Improvement Districts (BIDs) sind in Deutschland noch nicht weit verbreitet. In Hamburg jedoch tragen diese abgegrenzten innerstädtischen Bereiche durch ihre hohe Konzentration erfolgreich zur Verbesserung der Innenstadtqualitäten bei, so ein lokaler Experte. Empfehlungen zur effizienten Steuerung und Koordination einer resilienten Stadtentwicklung betonen die Notwendigkeit des Ausbaus von Netzwerkprogrammen für Wissensaustausch und Interessensvertretung (BMI, 2021b, S. 56 ff.). Es ist daher erforderlich, die Netzwerktreffen innerhalb der BIDs zu intensivieren und das gesammelte Know-how auf weitere urbane Standorte zu übertragen. Dies würde im Rahmen eines klassischen *Proof of Concept* nicht nur positive Effekte auf die gesamte Stadt haben, sondern sich auch auf ein bundesweites Netzwerk ausstrahlen.

Fazit

6

Globale Politiken setzten klare Ziele für die zukünftige Entwicklung von Gesellschaft, Wirtschaft und Umwelt. Dabei wird die Notwendigkeit einer inklusiven, nachhaltigen und resilienten Entwicklung von Städten und Siedlungen betont. Die vorliegende Arbeit untersuchte, wie diese Ziele in der Praxis effizient umgesetzt werden können, insbesondere im Kontext der Quartierssanierung und der Rolle von *Business Improvement Districts* (BIDs).

Die Corona-Pandemie und andere Krisen wie Hochwasserkatastrophen haben die Herausforderungen für Innenstädte und Quartiere verschärft. Der Strukturwandel durch gesellschaftliche, technologische und ökologische Veränderungen stellt neue Anforderungen an die Städte. Die urbane Resilienz, also die Fähigkeit, Krisen zu bewältigen und sich als Stadt schnell mithilfe von Selbsterneuerungsprozessen zu regenerieren, gewinnt zunehmend an Bedeutung. Für eine resiliente Stadtentwicklung sind widerstandsfähige Quartiere essenziell. Hier liegt der Fokus auf der Anpassung, Revitalisierung und Belebung innerstädtischer Bereiche, um Herausforderungen wie Trading-Down-Effekten entgegenzuwirken. In der Analyse zeigt sich, dass BIDs als Instrument der Quartiersentwicklung nicht primär als Krisenbewältigungsmaßnahme dienen. Sie sind neben der urbanen Wirtschaftsförderung als proaktive Methode zur Verbesserung der urbanen Resilienz und des städtischen Gemeinwohls zu betrachten. BIDs fördern die Eigenverantwortung der privaten Akteure und tragen zu einer Stabilisierung und Aufwertung von Stadtteilen bei. Ihre positiven Auswirkungen auf die urbane Resilienz sind in dem Sinne von Bedeutung, da sie durch gezielte Investitionen und kooperative Maßnahmen nicht nur den Werterhalt der Immobilien sichern, sondern auch die Lebensqualität und Funktionalität der Innenstädte stärken. Es ist entscheidend, gesetzliche Rahmenbedingungen für

BIDs zu etablieren, um ihre Wirksamkeit bundesweit zu sichern. Zudem sollte die Perspektive der Privatwirtschaft auf ihre soziale Verantwortung und den Beitrag zum öffentlichen Raum überdacht werden. Eine verstärkte Kooperation zwischen der öffentlichen Hand und privaten Akuteren ist notwendig, um die Vorteile von BIDs voll auszuschöpfen. Darüber hinaus sollte der Wissensaustausch durch verstärkte Netzwerkprogramme gefördert werden, um die erfolgreiche Anwendung von BIDs auf weitere urbane Standorte auszuweiten. Im Rahmen der *Urban Governance* stellen BIDs ein effizientes Instrument für die Entwicklung der zukunftsfähigen Innenstädte dar. Zukünftige Forschungsansätze und praxisorientierte Erprobungen sollten die Effekte von *Business Improvement Districts* auf die Qualität der innerstädtischen Quartiere sowie deren Resilienz weiter untersuchen und optimieren.

Anhang A: Interviewleitfaden

Leitfaden Experteninterviews:

Thema: „Quartierssanierung im Kontext der urbanen Resilienz"

Forschungsfrage	Inwiefern können Business Improvement Districts als Beteiligungsansatz zur Förderung der urbanen Resilienz in innerstädtischen Quartieren beitragen?

Datenanonymität und Einverständnis

Einverständnis	Sind Sie damit einverstanden, dass ich unser Gespräch zu Auswertungszwecken aufzeichne? Ich kann Ihnen hierbei versichern, dass die Anonymität gewahrt bleibt und daher keine Rückschlüsse auf Ihre Person möglich sind.

© Der/die Herausgeber bzw. der/die Autor(en), exklusiv lizenziert an Springer Fachmedien Wiesbaden GmbH, ein Teil von Springer Nature 2025
B. Willi et al., *Quartierssanierung im Kontext urbaner Resilienz*, Studien zum nachhaltigen Bauen und Wirtschaften, https://doi.org/10.1007/978-3-658-47066-1

Einstiegsfragen

Nr.	Frage	Notiz
1	Dürfte ich Sie bitten, kurz Ihren persönlichen Bezug zum vorliegenden Forschungsthema darzustellen?	
2	Die urbane Resilienz spielt in der vorliegenden Arbeit eine zentrale Rolle. *Kennen Sie den Begriff der urbanen Resilienz? Wie würden Sie den Begriff der urbanen Resilienz in Ihren eigenen Worten beschreiben?*	
3	Den zweite Schwerpunkt innerhalb der Forschungsarbeit stellen die sogenannten Business Improvement Districts dar. *Kennen Sie dieses Instrument? Wir würden Sie ein BID in Ihren eigenen Worten beschreiben?*	

Schlüsselfragen

Nr.	Frage	Notiz
4	Resiliente Innenstädte haben unter anderem die wesentliche Eigenschaft, dass sie ihre Grundfunktionen während und nach Krisen aufrechterhalten können. Die Coronapandemie hatte in den vergangenen Jahren einen starken Einfluss auf die Kernfunktionen der Innenstädte. *Welche Kernfunktionen sind in Ihrem Verständnis die wichtigsten in der Innenstadt? Bei welchen dieser Funktionen sehen Sie in Bezug auf die Post-Corona-Situation einen Handlungsbedarf? Durch welche Maßnahmen lassen sich die Kernfunktionen wieder stärken? Welchen Akteur der Innenstadt sehen Sie bei der Umsetzung dieser Maßnahmen als hauptverantwortlich? Könnten Sie das kurz begründen?*	
5	(Anpassung der folgenden Fragen, je nachdem welcher Akteur bei Nr. 4 genannt wird …) Innerhalb der Innenstadt sind es verschiedene Akteure, welche deren Entwicklung beeinflussen. *Wie würden Sie die Rolle der Kommunen innerhalb der Innenstadtentwicklung beschreiben? Welchen Verantwortungen sollten die Kommunen nachkommen? Wie würden Sie nun die Rolle der Immobilieneigentümer innerhalb der Innenstadtentwicklung beschreiben? Welchen Verantwortungen sollten die Immobilieneigentümer nachkommen? Welche Potenziale und Chancen würden Sie nun in einer Kooperation dieser beiden Akteure sehen? (Haben Sie dazu vielleicht auch praktische Beispiele?) Gibt es dabei aus Ihrer Sicht auch Herausforderungen? Wie würden Sie den Einfluss einer solchen Kooperation aus privaten und öffentlichen Akteuren auf die urbane Resilienz beurteilen?*	

Nr.	Frage	Notiz
6	Quartiere bilden die kleinste funktionale Einheit einer Stadt. Dort sind die Auswirkungen von Krisen, Schocks und Katastrophen am deutlichsten spürbar. *Welche Potenziale bieten aus Ihrer Sicht **innerstädtische** Quartiere, im Kontext der urbanen Resilienz?* **Konkretisierung:** *Welche Problemfelder können ihrer Meinung nach in diesem Kontext auftreten, die vielleicht zu innerstädtischen Konflikten führen?* *Welche Ansätze bräuchte es dabei, um die innerstädtischen Quartiere robuster zu gestalten?*	
7	(Wenn noch nicht erwähnt ...) *Kennen Sie das Konzept der 15-Min-Stadt?* *Was verstehen Sie unter der sogenannten 15-Min-Stadt?* *Welche Vorteile sehen Sie darin?* *Lässt sich hier aus Ihrer Sicht ein Bezug zur urbanen Resilienz herstellen?* *Inwiefern können Immobilieneigentümer (wenn möglich auf BIDs beziehen) in der Innenstadt einen Beitrag zur 15-Min-Stadt leisten?*	
8	Eine weitere Dimension, welche für die Entwicklung eines Resilienzmodells von Bedeutung ist, spiegelt die raumbezogene Identität und das Wohlbefinden. *Welche Eigenschaften sollte gerade eine Innenstadt vorweisen, damit Sie sich wohl und sicher fühlen?* *Besteht hier in den deutschen Innenstädten aus Ihrer Sicht noch Handlungsbedarf?* *Welche Möglichkeiten haben hier aus Ihrer Sicht innerstädtischen Akteure, wie z. B. die Immobilieneigentümer?*	

Abschlussfrage

Nr.	Frage	Notiz
9	Gibt es zum Ende noch Punkte von Ihrer Seite, welche relevant für die Thematik sein könnten?	

Anhang B: Interviews

Übersicht der geführten Interviews

Interview-Nr.	Expertenbezeichnung	Expertenbeschreibung	Datum
Interview B1	E1	Geführt mit einem Experten der Immobilienwirtschaft	05.06.2024
Interview B2	E2	Geführt mit einer Expertin aus dem Bereich der öffentlichen Stadtplanung	12.06.2024
Interview B3	E3	Geführt mit einem Experten aus dem Bereich der öffentlichen Stadtplanung	13.06.2024
Interview B4	E4	Geführt mit einem Experten der Immobilienwirtschaft	14.06.2024
Interview B5	E5	Geführt mit einem Experten aus dem Bereich der Stadt- und Quartiersforschung	14.06.2024
Interview B6	E6	Geführt mit einem Stadtplaner und Projektleiter von BIDs in Hamburg	14.06.2024
Interview B7	E7	Geführt mit einem Experten der Immobilienwirtschaft	18.06.2024
Interview B8	E8	Geführt mit einem Experten der Immobilienwirtschaft	18.06.2024

B. Willi et al., *Quartierssanierung im Kontext urbaner Resilienz*, Studien zum nachhaltigen Bauen und Wirtschaften, https://doi.org/10.1007/978-3-658-47066-1

Literatur

Anders, S., Schaumann, E., & Schmidt, J. (2023). Transformation urbaner Zentren: Chancen und Herausforderungen eines offenen Forschungsansatzes. In U. Altrock, R. Kunze, D. Kurth, H. Schmidt, & G. Schmitt (Hrsg.), *Stadterneuerung und Spekulation: Jahrbuch Stadterneuerung 2022/23* (S. 361–383). Springer VS.

Baukultur NRW. (2019, November 8). *BID – Buisness Improvement District: Impulse für die Stadtentwicklung.* https://baukultur.nrw/artikel/bid-buisness-improvement-district-impulse-fur-die-stadtentwicklung/#:~:text=In%20Deutschland%20trat%20das%20erste,in%20Flächenländern%20wie%20Nordrhein%2DWestfalen. Zugegriffen im Juni 2024.

BBSR. (2017). *Online-Handel – Mögliche räumliche Auswirkungen auf Innenstädte, Stadtteilund Ortszentren.* BBSR-Online-Publikation, Bundesinstitut für Bau-, Stadt- und Raumforschung.

BBSR. (2018). *Stresstest Stadt – wie resilient sind unsere Städte?* Bundesinstitut für Bau-, Stadt und Raumforschung. Bundesinstitut für Bau-, Stadt und Raumforschung.

Behörde für Stadtentwicklung und Wohnen. (2024a). *BID Wandsbek Markt.* https://www.hamburg.de/bid-projekte/4353946/bid-projekt-wandsbek-markt/. Zugegriffen im Juni 2024.

Behörde für Stadtentwicklung und Wohnen. (2024b). *Business Improvement Districts (BID) in Hamburg: Projekte.* https://www.hamburg.de/bid-projekte/. Zugegriffen im Juni 2024.

Berding, N., & Bukow, W.-D. (2020). *Die Zukunft gehört dem urbanen Quartier: Das Quartier als eine alles umfassende kleinste Einheit von Stadtgesellschaft* (1. Aufl. Ausg.). Springer VS.

BID Seltersweg. (2024). *Wasserspiel am Elefantenklo.* https://seltersweg.de/bid-seltersweg/wasserfall/. Zugegriffen im Juni 2024.

BIM. (2021). *Memorandum Urbane Resilienz: Wege zur robusten, adaptiven und zukunftsfähigen Stadt.* Bundesministerium des Innern und für Heimat. Bundesministerium des Innern und für Heimat.

BMI. (2021a). *Innenstadtstrategie des Beirats Innenstadt beim BMI: Die Innenstadt von morgen – multifunktional, resilient, kooperativ.* Bundesministerium des Innern und für Heimat. Bundesministerium des Innern und für Heimat.

BMI. (2021b). *Memorandum „Urbane Resilienz" – Wege zur robusten, adaptiven und zukunftsfähigen Stadt.* Bundesministerium des Innern und für Heimat. Bundesministerium des Innern und für Heimat.

BMUB. (2007). *Leipzig Charta zur nachhaltigen europäischen Stadt.* Bundesministerium für Umwelt, Naturschutz, Bau und Reaktorsicherheit (BMUB). Bundesministerium für Umwelt, Naturschutz, Bau und Reaktorsicherheit (BMUB).

BMVBS. (2011). *Leitfaden Eigentümerstandortgemeinschaften: Empfehlungen zur Gründung und Begleitung von Eigentümerstandortgemeinschaften.* Bundesministerium für Verkehr, Bau und Stadtentwicklung (BMVBS). Bundesinstitut für Bau-, Stadt- und Raumforschung (BBSR).

Bundesregierung. (2021). *Bericht über die Umsetzung der Agenda 2023 für nachhaltige Entwicklung.* Die Bundesregierung.

CIMA. (2022). *Deutschlandstudie Innenstadt.* Deutschlandstudie Innenstadt: Kennziffern, Trends und Erwartungen. CIMA Beratung + Management GmbH.

Diringer, J., Pätzold, R., Trapp, J. H., & Wagner-Endres, S. (2022). *Frischer Wind in die Innenstädte: Handlungsspielräume zur Transformation nutzen.* Deutsches Institut für Urbanistik gGmbH.

Drilling, M., & Schnur, D. O. (2009). *Governance der Quartiersentwicklung: Theoretische und praktische Zugänge zu neuen Steuerungsformen* (1. Aufl.). VS Research.

Fariniuk, T. M., Hojda, A., & Simão, M. d. (2022). Searching a resilient city: a study about theoretical-conceptual joints between smart city and urban resilience. In O. F. Castillo, V. Antoniucci, E. M. Márquez, M. J. Nájera, A. C. Valdiviezo, & M. O. Castro (Hrsg.), *Urban Resilience: Methodologies, Tools and Evaluation* (S. 1–15). Springer.

Fekkak, M., Fleischhauer, D. M., Greiving, P. D.-I., Rainer, L., Schinkel, S., & Winterfeld, P. D. (2016). *Resiliente Stadt – Zukunftsstadt.* Wuppertal Institut für Klima, Umwelt, Energie gGmbH. Wuppertal Institut.

Fritsch, D., & Zöller, M. (2021). *COVID-19 und deutsche Innenstädte: Future Cities.* https://www.fti-andersch.com/de/insights/covid-19-und-deutsche-innenstaedte-future-cities/. Zugegriffen im Mai 2024.

Fuchs, T. (2017). Private Initiativen in der Stadtentwicklung am Beispiel von Business Improvement Districts (BIDs). In H.-H. Albers & F. Hartenstein (Hrsg.), *CSR und Stadtentwicklung Unternehmen als Partner für eine nachhaltige Stadtentwicklung* (S. 235–248). Springer Gabler.

Handelskammer Hamburg. (2024a). *Alles über BIDs.* https://www.ihk.de/hamburg/produkt-marken/branchen-cluster-netzwerke/branchen/handel/bid/bid-allgemein-2710826#:~:text= Districts%20in%20Hamburg-,Was%20sind%20BIDs%3F,den%20rechtlichen%20 Rahmen%20geschaffen%20hat. Zugegriffen im Juni 2024.

Handelskammer Hamburg. (2024b). *BID-Gesetzte.* https://www.ihk.de/hamburg/produkt-marken/branchen-cluster-netzwerke/branchen/handel/bid/hamburgisches-bid-gesetz-1161848. Zugegriffen im Mai 2024.

Hansestadt Hamburg; Handelskammer Hamburg. (2016, August). *10 Jahre Business Improvement Districts in Hamburg.* https://www.hamburg.de/contentblob/7947936/99b5ab44 47db9fab2f9e9865459ea415/data/broschuere-10-jahre-bid-in-hamburg.pdf. Zugegriffen im Mai 2024.

Heintze, A. (2024, April 4). Die Eigentümer haben den Wandel der Innenstadt verschlafen. *Immobilien Zeitung*, 23.

IG St. Pauli. (2024). *St. Pauli liebt und lebt: IG mit Herz für den Stadtteil.* https://www.igst-pauli.de. Zugegriffen im Juni 2024.

IHK Koblenz. (2024). *Business Improvement Districts (BIDs)*. https://www.ihk.de/koblenz/servicemarken/wirtschaftszweige/handel/standort/business-improvement-districts-bids-1477914#:~:text=Die%20Akteure%20in%20einem%20bestimmten,Maßnahmen%20und%20den%20entsprechenden%20Finanzierungsplan. Zugegriffen im Juni 2024.

IHK München und Oberbayern. (2022). *Business Improvement Districts (BIDs): ein Baustein für attraktive Innenstädte.* IHK München und Oberbayern.

Jakubowski, D. P. (2020, November 13). Corona und Stadtentwicklung: Neue Perspektiven in der Krise? *IzR – Information zur Raumentwicklung, 2020*(2), 16–29.

Just, T., & Plößl, F. (2021). Herausforderungen für europäische Städte nach der Corona-Pandemie. In T. Just & F. Plößl (Hrsg.), *Die Europäische Stadt nach Corona: Strategien für resiliente Städte und Immobilien* (S. 3–24). Springer Gabler.

Kabisch, S., Rink, D., & Banzhaf, E. (2024). *Die Resiliente Stadt: Konzepte, Konflikte, Lösungen* (1. Aufl. Ausg.). Springer Spektrum.

Kaltenbrunner, R. (2013). Mobilisierung gesellschaftlicher Bewegungs- energien – Von der Nachhaltigkeit zur Resilienz – und retour? In S. u. Bundesinstitut für Bau- (Hrsg.), *Informationen zur Raumentwicklung: Resilienz* (Bd. 4, S. 287–296). Franz Steiner.

Kreutz, S., & Krüger, T. (2008). Urban Improvment Districts: Neue Modelle eigentümer-finanzierter Quartiersentwicklung. In U. Altrock, R. Kunze, U. v. Petz, E. Phal-Weber, & D. Schubert (Hrsg.), *Jahrbuch Stadterneuerung: Aufwertung im Stadtumbau* (S. 253–272). Universitätsverlag der Technischen Universität Berlin.

Kuhlicke, C. (2018). Resiliente Stadt. In D. Rink & A. Haase (Hrsg.), *Handbuch Stadtkonzepte: Analysen, Diagnosen, Kritiken und Visionen.* Barbara Budrich.

Kurth, P. D. (2021). Urbane Resilienz – Eine Herausforderung für die Stadtentwicklung. In *BMI, Memorandum „Urbane Resilienz": Wege zur robusten, adaptiven und zukunftsfähigen Stadt* (S. 12–15). Bundesministerium des Innern und für Heimat.

Landeshauptstadt München. (2024). *Münchner Innenstadt – Status quo und Perspektiven des Wirtschaftsstandorts.* Referat für Arbeit und Wirtschaft.

Müller, P. D. (2010). *Urban Regional Resilience: How Do Cities and Regions Deal with Change?* Springer.

Markert, D. P., & Eckert, C. (2021). Proaktive Entwicklung hin zu einer „Post-Corona-Innenstadt". In i. A. GmbH (Hrsg.), *Nationale Studie „Zukunftsfähige Innenstädte": Zwischenbilanz und Strategien* (S. 9–38). Aalen.

Martens, J., & Obenland, W. (2017). *Die Agenda 2030: Globale Zukunftsziele für nachhaltige Entwicklung.*

Mayring, P. (2022). *Qualitative Inhaltsanalyse: Grundlage und Techniken.* Beltz.

Meerow, S., & Stults, M. (2016, July 21). *Comparing Conceptualizations of Urban Climate Resilience in Theory and Practice.* https://doi.org/10.3390/su8070701. Zugegriffen am 01.04.2024.

Messer, A. (2021). Steuerung und Koordination: Stadtentwicklung resilienter machen. In *BMI, Memorandum „Urbane Resilienz"* (S. 56–59). Bundesministerium des Innern und für Heimat.

OECD. (2018). *Resilient Cities.* https://www.oecd.org/cfe/regionaldevelopment/resilient-cities.htm. Zugegriffen im Mai 2024.

Perlik, M. (2009). Quartiere auf Zeit: Multilokalität als Grenze der lokalen Governance. In M. Drilling & O. Schnur (Hrsg.), *Governance der Qaurtiersentwicklung: Theoretische und praktische Zugänge zu neuen Steuerungsformen* (S. 69–87). VS Verlag.

Pesch, F. (2018). Innenstadt. In A.-A. Landesplanung (Hrsg.), *Handwörterbuch der Stadt- und Raumentwicklung* (S. 1001–1007). ARL – Akademie für Raumforschung und Landesplanung.

Pfnür, P. D., & Rau, J. (2023). *Transformation deutscher Innenstädte aus Sicht der Eigentümer. State of the Art der wissenschaftli- chen Diskussion.*

Prey, G., & Vollmer, A. (2009). Chancen für Quartiere durch die Einbindung von Immobilieneigentümern: Business Improvement Districts und Immobilien- und Standortgemeinschaften. In M. Drilling & D. O. Schnur (Hrsg.), *Governance der Quartiersentwicklung: Theoretische und praktische Zugänge zu neuen Steuerungsformen* (S. 229–246). VS Research.

Rink, D., Gebauer, R., Haase, A., Intelmann, D., Kabisch, S., Kuhlicke, C., & Schmidt, A. (2024). Die resiliente Stadt: Forschungsstand in Deutschland, definitorische und konzeptionelle Überlegungen. In S. Kabisch, D. Rink, & E. Banzhaf (Hrsg.), *Die Resiliente Stadt Konzepte, Konflikte, Lösungen* (S. 3–21). Springer Spektrum.

Ruess, P., Vrhovac, B., & Yoga, K. (2021). *Zukunft der Innenstädte: Innovationspotenziale in der Entwicklung zukunftsfähiger Innenstadtkonzepte.* Friedrich-Naumann-Stiftung für die Freiheit.

Schäfer, P., & Just, T. (2018). Does urban tourism attractiveness affect young adult migration in Germany? *Journal of Property Investment & Finance, 36,* 68–90.

Schmidt, A., Pößneck, J., Haase, A., & Kabisch, S. (2024). Quartier und urbane Resilienz: Themenfelder, Befunde und Forschungsbedarf. In S. Kabisch, D. Rink, & E. Banzhaf (Hrsg.), *Die Resiliente Stadt: Konzepte, Konflikte, Lösungen* (S. 73–89). Springer Spektrum.

Schnur, O. (2014). Quariersforschung im Überblick: Konzepte, Definitionen und aktuelle Perspektiven. In O. Schnur (Hrsg.), *Quartiersforschung: Zwischen Theorie und Praxis* (S. 21–56). Springer VS.

Schnur, O. (2021). Quartier und soziale Resilienz. In BMI & f. B. BMI – Bundesministerium des Innern (Hrsg.), *Memorandum „Urbane Resilienz" – Wege zur robusten, adaptiven und zukunftsfähigen Stadt* (S. 54–55).

Schote, H. (2020). Business improvement districts: Quartiersentwicklung in öffentlich-privaterPartnerschaft. In C. Neiberger & B. Hahn (Hrsg.), *Geographische Handelsforschung* (S. 147–156). Springer Spektrum.

Schubert, K. (2024, June 8). *Hochwasser: Ist das die Stadt der Zukunft?* https://www.zdf.de/nachrichten/wissen/starkregen-management-hochwasser-stadt-100.html. Zugegriffen im Juni 2024.

Statista. (2023). *Digital & Trends: Innenstadt im Wandel.* https://de.statista.com/statistik/studie/id/132267/dokument/innenstadt-im-wandel/. Zugegriffen im Mai 2024.

Statista. (2024, Januar 2). *Verteilung des Personenverkehrs in Deutschland nach Verkehrsmitteln vor und während der Coronavirus-Krise im Jahr 2020.* https://de.statista.com/statistik/daten/studie/1117236/umfrage/entwicklung-des-modal-split-im-deutschen-personenverkehr-waehrend-der-corona-krise/. Zugegriffen im Juni 2024.

The Rockefeller Foundation. (2014). *City Resilience Framework.* The Rockefeller Foundation.

The Rockefeller Foundation. (2015, November). *City Resilience Framework*. https://www. rockefellerfoundation.org/wp-content/uploads/100RC-City-Resilience-Framework.pdf. Zugegriffen im Juni 2024.

The Rockefeller Foundation. (2024). *About Us*. https://www.rockefellerfoundation.org/about-us/. Zugegriffen im Juni 2024.

Vollmer, M. (2015). *Der Dreiklang der Eigentümermobilisierung: Kommunikative Strategien zur Revitalisierung innerstädtischer Quartiere*. Springer VS.

Vrhovac, Z., Ruess, P., & Schaufler, C. (2021). *#elasticity – Experimentelle Innenstädte und öffentliche Räume der Zukunft. In Frauenhofer-Institut für Arbeitswirtschaft und Organisation IAO*. Frauenhofer IAO.

ZIA. (2024). *Frühjahrsgutachten Immobilienwirtschaft 2024 des Rates der immobilienweisen. Zentraler Immobilien Ausschuss e.V. ZIA*.

Ziehl, M. (2020). *Koproduktion Urbaner Resilienz*. JOVIS.

Zuschlag, A. (2021, October 10). *Innenstadtbelebung ohne Konsum: Vom Kaufhaus zum Schulhaus*. https://taz.de/Innenstadtbelebung-ohne-Konsum/!5805634/. Zugegriffen im Mai 2024.

Printed in the United States
by Baker & Taylor Publisher Services